国家教育部原副部长张天保为作者颁奖

作者与中国工程院院士、中国钢结构协会
会长岳清瑞（中）和《中国冶金报》记者
谢吉恒（右一）在装配式标准化钢结构
建筑科技论坛上交流合影

作者与国家装配式标准化钢结构建筑
研究院院长（钢结构大师）
蔡玉春博士交流合影

作者接受《中国冶金报》记者采访

首届中国装配式标准化钢结构建筑科技论坛在唐山南湖紫天鹅大酒店举行

论坛上，岳清瑞、高真、付振波、韩敬远、艾长征共同启动国家钢结构工程技术研究中心装配式标准化钢结构建筑研究院揭牌仪式

《中国冶金报》记者谢吉恒与中国东方集团董事局主席兼首席执行官、津西集团董事长兼总裁韩敬远合影

与会领导、专家学者及嘉宾合影

赵一臣、谢吉恒、韩敬远、李明东合影

谢吉恒与于利峰合影

"我和我的祖国"采风团在洛阳交运集团
21分公司采风

纯电动新能源汽车

孟津民兵运输连合影

田延通总经理接受《中国冶金报》
记者谢吉恒专访

"我和我的祖国"采风团在
黄河小浪底采风

田延通总经理在洛孟专线试运营
仪式上致辞

常州黑山冶金技术有限公司（烧结点火炉制造有限公司）

"我和我的祖国"采风团在采风

孙小平总经理接受《中国冶金报》记者专访

冶金生产线现代化设备

孙小平总经理（左一）、《中国冶金报》
资深记者谢吉恒（中）合影

大跨度钢结构张弦梁施工技术

张忠浩　编著

北　京

冶金工业出版社

2019

内 容 提 要

本书共分为 11 章，主要包括大跨度钢结构的发展与展望、钢结构深化设计、钢结构材料管理、钢结构交底、地脚螺栓、地下劲性钢结构、地上钢柱钢梁结构、大跨度张弦梁结构、防火涂料、安全防护等。

本书可供大跨度钢结构吊装和预应力张拉领域的设计、施工、监理、质量检查验收及施工管理的相关从业人员使用，可作为其上岗作业的参考，也可作为现场施工技术交底的蓝本。

图书在版编目（CIP）数据

大跨度钢结构张弦梁施工技术/张忠浩编著 . —北京：
冶金工业出版社，2019. 5（2019. 12 重印）
　ISBN 978-7-5024-8095-0

　Ⅰ . ①大…　Ⅱ . ①张…　Ⅲ . ①钢结构—大跨度结构—
建筑工程—工程施工　Ⅳ . ①TU745. 2

　中国版本图书馆 CIP 数据核字（2019）第 064700 号

出 版 人　陈玉千
地　　址　北京市东城区嵩祝院北巷 39 号　邮编　100009　电话　（010）64027926
网　　址　www.cnmip.com.cn　电子信箱　yjcbs@ cnmip. com. cn
责任编辑　李培禄　美术编辑　彭子赫　版式设计　孙跃红
责任校对　卿文春　责任印制　李玉山
ISBN 978-7-5024-8095-0
冶金工业出版社出版发行；各地新华书店经销；三河市双峰印刷装订有限公司印刷
2019 年 5 月第 1 版，2019 年 12 月第 2 次印刷
169mm×239mm；15.5 印张；2 彩页；270 千字；231 页
55. 00 元
冶金工业出版社　投稿电话　（010）64027932　投稿信箱　tougao@ cnmip. com. cn
冶金工业出版社营销中心　电话　（010）64044283　传真　（010）64027893
冶金工业出版社天猫旗舰店　yjgycbs. tmall. com
　　　　　　（本书如有印装质量问题，本社营销中心负责退换）

总 顾 问

杨发兵

技术指导

安雄宝

序 言 一

近年来，随着社会经济的不断发展，大跨度结构在现代建筑中的需求越来越大。大跨度张弦梁结构是近年来快速发展和应用的一种新型大跨度预应力空间结构体系形式。张弦梁结构最早由日本大学M. Saitoh教授提出，是一种区别于传统结构的新型杂交屋盖体系，是由刚性构件上弦、柔性拉索、中间连以撑杆形成的混合结构体系，其结构组成是一种新型自平衡体系。张弦梁结构体系简单、受力明确、结构形式多样，充分发挥了刚柔两种材料的优势，并且制造、运输、施工简捷方便，因此在大跨度空间结构方面具有广阔的应用前景。

本书作者张忠浩，基于长期的工程实践和已建、在建的大跨度建筑工程实例及相关规范，在本书中对国内高寒地区首次采用的大跨度弦支网壳张弦梁施工关键技术、创新点及安全防护等进行了详细的分析和总结。该书的出版对于从事大跨度结构工作的工程技术人员将具有很好的参考价值，同时对于相关专业高校教师、学生也具有很好的工程实践学习价值。

内蒙古工业大学土木工程学院院长

教授　博士生导师　王 飞

2019 年 2 月

序 言 二

去年初冬，惊喜收到张忠浩送来厚厚一本书稿，书名《大跨度钢结构张弦梁施工技术》。我据量书稿沉甸甸的，翻开粗略地浏览一遍。嗨！创新钢结构新领域、新技术、新工艺，内容新颖，图文并茂——概括一个"新"字。八零后出生的他，步入三十而立之年，虎虎有生气。记得 2014 年他担任中国华冶天津三建分公司项目总工程师，本职工作表现十分出色，项目部所承担的工程，质量优异，8 次获得天津市建筑工程质量最高奖——"结构海河杯"奖，项目部被授予"安全文明工地"和"观摩工地"称号，这里自然有他的辛劳和贡献。他爱好写作，成绩突出，大有斩获。他撰写的《运河畔展风采》《造文化墙·筑精品梦》等多篇报告文学、散文作品获国家级奖项，受到国家领导人颁奖和接见。经我推荐他加入中国散文学会。他调入中建二局三公司任项目总工程师后不忘初心，方得始终，砥砺奋进，笔耕不辍，工作写作双丰收。2018 年他撰写的《大跨度钢结构张弦梁施工技术》一文获《中国时代风采》征文金奖。他顺势而为，借此基础更上一层楼，收集、整理编写成此书稿，请我阅读并作序。我为他的成长和进步感到欣慰和高兴。

钢结构在我国是一个新型的朝阳产业。中建二局勇于创新，大力倡导实施大跨度钢结构张弦梁施工技术，凸显出五大优势：一是承载能力高，二是使用荷载作用下结构变形小，三是结构稳定性强，四是建筑造型适应性强，五是制作、运输、施工方便。诸多优点，它不仅满足人们对大空间建筑的需要，还提升了建筑的美感，为人们带来丰富多彩的视觉享受。伴随着我国经济社会高速发展，人们需求更大的建筑空间来满足会议交流、大型展览、体育赛事等各类社会、经济、文体活动，促使着建筑朝着高度更高、跨度更大的方向发展。目前我国上海浦东机场候机楼、广州国际会展中心、哈尔滨国际会展中心、长春会展中心等一批建成项目，采用大跨度钢结构张弦梁施工技术，绚丽多彩的结构形式，如同百花园中盛开的千姿百态朵朵奇葩，争芳吐艳，前景十分广阔！汇集到张忠浩这本书26万余字、300余幅图片，印上他的足迹，注入他的心血，是一部珍贵、引领专业技术的佳作。

张忠浩基于对自己企业和专业的热爱，"为培养我的企业和这个专业的从业者贡献哪怕一丝绵薄之力""伴着初春莺歌燕舞花红柳绿提笔到写完这本书最后一个字已是银装素裹、千里冰封的寒冬"（张忠浩语）乐此不疲，经过近一年艰辛创作，完成书稿。

"人民有信仰，民族有希望，国家有力量"，进入新时代，安居乐业是人们追求的目标。从张忠浩身上看到他爱岗敬业，热爱自己的工作岗位，勤奋有加，全身心投入。激情奉献是一种态度，是一种精神，更是一种境界。张忠浩凭借企业给自己的发展空间和展示平台，最大限度地发挥自己的聪明才智，实现自己的人生价值，靠的是在平凡岗位的爱岗敬业。德国著名作家歌德曾说过："你要欣赏自己的价值，就得给世界增加价值。"将爱岗敬业当做人生追求的一种境界，将会珍惜自己的工作，知恩感恩报恩，扎扎实实工作，无怨无悔地做出奉献！

让我们鉴赏他的作品过程中，跟随他的思路和足迹，饱览大跨度钢结构张弦梁施工技术，必将在祖国大地上结出累累硕果。

《中国冶金报》资深记者
中国艺术家协会会员
中国报告文学学会会员
中国散文学会会员
2019 年 3 月 30 日于北京

谢吉恒

前　言

至 2018 年，改革开放已经走过了 40 年的历程，这 40 年，充满着解放思想的勇敢探索，充满着实事求是的丰富实践，充满着与时俱进的创造创新，充满着求真务实的苦干实干。在这 40 年中，我国建筑行业也有着突飞猛进的发展，特别是改革开放 40 年来的今天，我国加强民生工作、加快铁路建设、承办大型国际会议的脚步越迈越大，越走越稳。一大批大跨度钢结构的活动中心、高铁站房、会议会展中心建筑拔地而起。这些建筑代表了新时期我国建筑领域取得的新成就，也为大跨度钢结构的发展起到积极的助推作用，并开拓广阔前景。

大跨度张弦梁结构是近十余年来快速发展和应用的一种新型大跨空间结构形式。该结构形式自进入中国以来，以其明确的力流传递方式、简单轻盈的结构形态，受到诸多建筑设计师的青睐，应用在多项大跨度钢结构场馆中。本书基于已建、在建且有代表性的大跨度建筑施工实例，结合东北亚（长春）国际机械城会展中心张弦梁结构施工的最新成果和现有规范规程，对国内高寒地区首次采用的大跨度弦支网壳张弦梁施工技术中的结构创新与关键工序进行重点分析、归纳与总结；对地脚锚栓、地下劲性钢柱、标准节钢柱、层间主次梁、预应力张弦梁等环节的图纸深化、加工制作、预留预埋、高空原位安装、预应力张拉等工序的具体实施方法和经验总结进行详细描述，旨在对大跨度钢结构，特别是预应力张弦梁结构的从业人员有所帮助。

内蒙古工业大学土木工程学院院长王岚教授对全书进行了细致的审阅并为本书作序，内蒙古工业大学范会明老师为本书做了大量工作，在此表示深深的谢意！

衷心感谢《中国冶金报》河北记者站站长（中国艺术家协会会员、

中国报告文学学会会员、中国散文学会会员）谢吉恒老师为本书出版给予大力支持和帮助，并在百忙之中为本书作序。

　　为本书做出贡献的还有中建二局三公司吴鹏翔、刘勇兴、苏立健、赵贵文、王忠鑫、谷明亮、张利刚、董春阳；中建二局安装公司廊坊分公司副总经理李健、许兴年。中国中元设计院设计师祖义祯（博士）、徐斌（硕士），中建二局安装公司廊坊分公司总工程师陈峰为本书提供了宝贵意见和建议。在此一并表示感谢！

　　由于编著者水平有限，加之时间仓促，疏漏与错误之处在所难免，敬请读者谅解，并不吝赐教。书中引用了一些建筑施工图片、图表，更给读者以直观、清晰的印象，在此对这些图片、图表的所有者表示感谢。

张忠浩

2019 年 3 月

目　　录

1 大跨度钢结构的发展

1.1 发展概述

人们对建筑空间的追求贯穿于人类社会的发展。近现代社会，随着经济的高速发展，人们需求更大的建筑空间来满足会议交流、大型展览、体育赛事等各类社会、经济、文体活动，促使着建筑朝着高度更高、跨度更大的方向不断发展。

如果说超高层建筑解决了土地资源供应紧张的问题，使人们在有限的土地资源上获取了更多的建筑空间，那么大跨度建筑则是实现建筑空间最大化的有效解决方案，它可以为人们提供广阔的室内无柱空间，满足集体活动需求。随着人类社会文明发展进程，群体活动越来越多，大跨度结构已成为当今社会不可或缺的建筑结构形式，其发展状况亦成为一个国家建筑科技水平的重要标志之一。

大跨度建筑结构是建筑发展史上最重要的结构形式之一，它不仅满足了人们对大空间建筑的需求，而且提升了建筑的美感，给人们带来丰富多彩的视觉享受。这些大跨度建筑的建设为人们提供了更加舒适的建筑空间，满足了生活、工作需求，同时其优美、丰富的造型设计，成为神州大地上一道道靓丽的风景线。

大跨度建筑有着悠久的发展历史，中国工程院董石麟院士提出将大跨度空间结构的发展划分为三个阶段，如图 1-1 所示。

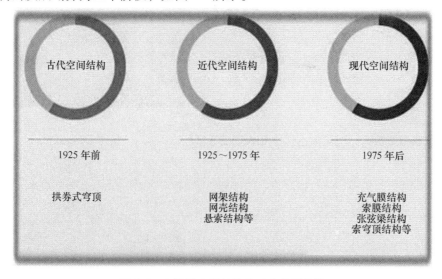

图 1-1　大跨度空间结构的三个发展阶段

1.2 国内发展情况

新中国成立之初，国家钢材匮乏，大跨度钢结构建筑应用少之甚少。改革开放以后，随着国家综合国力不断增强，各类会议、会展、体育、演艺等政治、经济、文体活动日益增多，人们对建筑空间的需求日益增强。随着我国科技的不断进步，炼钢工艺水平、钢铁产量和质量均得到大幅提升，为大跨度建筑的广泛建设奠定了基础。

随着我国建筑科技力量的不断壮大，大跨度建筑的设计、施工能力达到世界一流水平，近几年来一座座大跨度建筑在华夏大地上拔地而起，璀璨耀眼。目前国内典型的大跨度建筑见表1-1。

表 1-1 国内典型大跨度建筑

建筑类别	建筑名称	结构体系	建筑案例
体育场馆	鸟巢	交叉平面桁架结构	
	济南奥体中心	悬臂桁架结构	
	南京奥体中心	拱式结构	

续表 1-1

建筑类别	建筑名称	结构体系	建筑案例
交通枢纽	上海浦东机场	张弦梁结构	
	广州白云机场	桁架结构	
	武汉火车站	拱+网壳结构	
文化会展	国家大剧院	网壳结构	
	天津梅江会展	张弦桁架结构	

建筑类别	建筑名称	结构体系	建筑案例
文化会展	重庆国际博览中心	桁架结构	

1.3　发展展望

随着人类社会的发展，特别是经济、交通、体育、文化的发展，以及生态空间的开发，大跨度钢结构建筑还将得到进一步建设。就目前我国该领域而言，主要体现在以下几个方面：

（1）文化体育、交通运输、会议会展类大跨度钢结构建筑将稳步发展。

随着我国对民生工作的重视和加强，我国将不断增加体育场馆等设施的建设，促进城镇化加快发展和人民生活水平提高；根据我国铁路规划建设要求，预计 2020 年我国的铁路营业里程将达到 12 万公里，未来将有大量的大跨度钢结构火车站房亟待建设；随着我国地位逐步走向世界舞台的中央，如世博会、博鳌亚洲论坛、G20 峰会、金砖峰会等多项国际大型会议将在中国举行，各类会展所需大跨度建筑仍有较大建设空间。

（2）功能不断增多与跨度不断增大的大跨度建筑将受到广泛关注。

从今天的角度来看，大跨度钢结构建筑除满足政治、经济、文娱、体育活动的要求外，其防灾、减灾的功能日益凸显。2008 年汶川地震时绵阳地区大量房屋倒塌，唯独绵阳九州体育场屹立不倒，成为民众避难的场所；美国奥尔良"超级穹顶"同样在飓风灾难发生时保护了大量的市民。

另外，大跨度钢结构建筑将成为未来城市的发展方向。

目前国际上有多位著名建筑大师提出建造超大穹顶建筑，打造城市封闭空间。如日本巨型金字塔多层网格结构生态城的设想、迪拜正在探索"温控城市"的建设。当然，诸多未来设想还处于理想阶段，如要实现还需进一步研究探索。

（3）绿色建筑将成为大跨度钢结构建筑发展主流。

众所周知，建筑业是名副其实的"能耗大户"，其能源消耗约占社会总能耗的30%以上，同时产生大量污染。大跨度钢结构建筑作为建筑的主要结构形式之一，绿色发展是其必由之路，因此在建材绿色化，如轻质高强、保温隔热材料的研发；建造绿色化，如预制装配式制造方式；绿色运营化，如太阳能技术利用等方面仍有较大的开发空间和探究之路要走。

2 大跨度张弦梁结构概述

2.1 张弦梁结构简介

随着社会的不断发展，经济的不断进步，大跨度空间结构在现代建筑中应用越来越广泛，对其的需求也越来越强烈。大跨度空间新型结构是目前建筑领域中结构研究最重要、最有发展潜力的领域之一，合理的结构设计，结合合适的建设设计将会产生集实用、美观、艺术于一体的建筑物，很可能成为一座城市或一片地域的标志性建筑，不仅引领先进的技术，还会产生良好的文化氛围。

张弦梁结构是近年来新兴发展起来的一种大跨度空间结构形式，是由下弦索进行预应力张拉，并且与上弦梁组合而成的一种自平衡式结构形式。张弦梁是通过数根中部的受压杆件（即撑杆）将上部的压弯受力构件（包括梁、拱等）和下部的预张拉的受拉构件（钢索）连接在一块，并且同时对索进行预应力张拉，迫使结构在受力前产生一定的反拱的一种预应力空间结构做法。其结构如图 2-1 所示。

图 2-1　张弦梁结构

2.2 张弦梁结构的源起与发展

预应力张弦梁结构首先是由日本 Nihon 大学的 Masao Saitoh 教授于 1984 年提出的。

早在 20 世纪 90 年代，预应力张弦梁便因其强大的跨越能力和良好的受力性能在世界上得到广泛的应用，其中国际典型案例工程就是日本前桥绿色穹顶，平面为 122m×167m 的椭圆，采用辐射状布置的张弦梁结构。预应力张弦梁结构在国内的工程应用始于 1999 年建成的跨度为 82.6m 的上海浦东国际机场候机楼。2002 年和 2003 年我国又分别在广州国际会展中心（见图 2-2）采用跨度为 126.5m 的张弦桁架结构，哈尔滨国际体育与会议展览中心（见图 2-3）采用跨度为 128m 的张弦梁结构均取得了较大的成功。张弦梁结构的应用既满足建筑功能的需求，也实现了大型场馆的建筑意义，在未来的大跨度钢结构工程中必将得到广泛应用。

图 2-2　广州国际会展中心

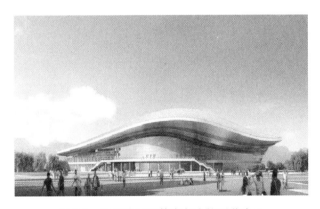

图 2-3　哈尔滨国际体育与会议展览中心

2.3　长春会展中心张弦梁结构

党的十八大以后，2015 年习近平总书记到吉林考察调研，在长春召开座谈会期间提出"振兴东北经济发展，增强内生动力"的重要思想。为拉动长德新区及长吉经济带经济发展，2016 年吉林省政府主导开发建设东北亚（长春）国际机械城会展中心项目（以下简称长春会展中心）。

长春会展中心项目总建筑面积 13 万平方米，地下一层劲钢混凝土结构，地上一层钢框架+张弦梁结构。长春会展中心张弦梁结构是由 73 榀 90m、72m、45m 跨度均不相同的张弦梁组成的弦支网壳预应力空间结构，该结构形式属国内首例。

长春会展中心张弦梁结构（见图 2-4）由变截面空腹弯弧箱型梁为上弦、圆形钢管为竖向撑杆、锌-铝 5%-稀土合金预应力高钒索为下弦、M20 级铸钢支座为铰接点组成。结构力流传递明确，建筑造型轻盈流畅。

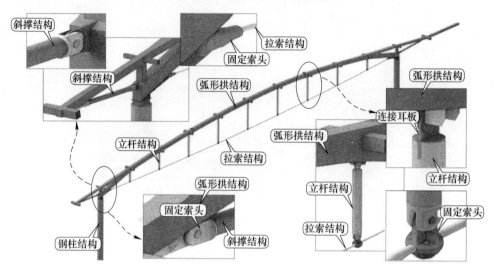

图 2-4　张弦梁结构分解

3 钢结构深化设计

3.1 概述

钢结构深化设计也叫钢结构二次设计，是以设计院的施工图、计算书及其他的相关资料（包括招标文件、技术要求、工程制作条件、运输条件、现场拼装与安装方案、设计分区及土建条件）为依据，依托工业软件平台，建立三维实体模型，开展施工过程仿真分析，进行施工过程安全验算，计算节点坐标定位调整值，并生成结构安装布置图、构件及零部件下料图和报表清单的过程。作为连接设计与施工的桥梁，钢结构深化设计立足于协调配合其他专业，对施工的顺利进行、实现设计意图具有重要作用。

3.2 深化设计软件

目前国际上及领域内应用比较广泛的工业钢结构几何设计软件有 Tekla Structures、Auto CAD、Smart Plant 3D、SDS/2 等。其中，针对大跨度钢结构建筑的构造特点及施工工序，Tekla Structures、Auto CAD 应用尤为成熟，优势显著。

对于空间结构常用的结构设计验算软件有 SAP2000、MIDAS、STAAD PRO、Mstcad 和 Sfcad 等。

3.3 深化设计主要工作

大跨度钢结构建筑，由于其空间构造体系复杂，造型多变，杆件交汇多，制造和安装难度大，因此工程施工前的深化设计工作显得尤为关键。目前，大跨度钢结构建筑深化设计的主要工作内容如下：

（1）施工全过程仿真分析。施工全过程仿真分析一般包括：各种安装状态下结构与施工支架联合体系的承载力分析与验算、变形与整体稳定性分析与验算、结构预起拱坐标与施工工艺坐标预调值计算、安装合拢状态仿真分析与验算、特殊结构的施工精度控制等。

（2）结构优化与调整。在施工过程中，因加工工艺不同会在构件和节点中产生不同的附加应力。深化设计时，通过优化分析减小或消除这些附加应力的不良影响，确保结构安全。也可通过设计深化检查构件安装与屋面、幕墙、机电等其他专业存在的冲突，予以提前解决。

（3）节点深化。节点深化设计是在施工图的基础上，对图纸中未进行详图设计的节点、现场构件拼接节点进行节点设计，包括节点承载力和相应连接计算、施工可行性复核、空间放样等。

（4）构件加工图。通过深化设计形成构件组成大样图和零件图，作为工厂加工制作构件的依据，也是构件质量验收的依据。

（5）结构安装布置图。结构安装布置图用于指导现场结构安装的定位和连接。对于大跨度结构安装布置图还可提供构件安装坐标信息以方便构件现场安装，其坐标值包括预起拱、施工工艺坐标预调值和温度影响。

（6）材料表。深化设计完成后，可自动生成材料表，材料表包含构件、零件、螺栓编号及其规格、数量、尺寸、重量和材质等信息。利用这些信息可以迅速定制材料采购计划、安装计划，为项目管理和工程结算提供参考依据。

3.4　BIM 在深化设计中的应用

（1）BIM 技术应用：在钢结构深化设计中主要利用 BIM 技术进行三维建模以及详图绘制，服务于车间和施工现场。

（2）常用软件：BIM 技术在钢结构深化设计中经常使用的软件有 Tekla Structures、Revit、3DsMax 等。

（3）应用价值：利用 BIM 技术可推进工程精细化管理，如全新的信息交流模式、全生命周期的信息跟踪、可追溯的质量保障、实施的报表分析、量化的工程数据分析等。

4 钢结构材料管理

4.1 材料验收

4.1.1 材料种类

钢结构工程的安全性除设计因素外，材料质量的好坏也是重要因素之一。大跨度钢结构特别是张弦梁结构原辅材料种类繁多。大跨度钢结构构件所需材料（特别注意采购材料必须为合同约定范围厂家材料）主要包括：钢板、型钢、钢管、栓钉、油漆、焊丝、焊条、焊剂、铸钢支座、预应力索（高钒索）、高强螺栓。

4.1.2 材料验收

原辅材主要验收内容见表 4-1。

表 4-1 原辅材主要验收内容

材料名称	主要验收内容
钢板、型钢	质保书信息、外观集合尺寸、数量（20mm 以上板材做 100% 无损探伤）
栓钉	质保书信息、合格证、外观、几何尺寸、重量
高钒索	质保书信息、检验报告、外观、几何尺寸
油漆	质保书信息、外观、生产日期、重量
铸钢支座、销轴	质保书信息、力学性能检验报告、尺寸偏差记录
焊丝、焊条	质保书信息、合格证、生产日期、外观、型号、重量
焊剂	质保书信息、外观、机械夹杂物、重量
高强（普通）螺栓	质保书信息、外观、抗滑移检验报告、数量

4.2 材料存储

4.2.1 钢板存储

钢材应按工程、规格、材质堆垛（见图 4-1），堆码时地面上必须垫放枕木保证离地面高度在 300mm 以上。钢材出库时采取先进先出原则，尽量减少钢材的库存时间。钢材应堆码整齐，在堆垛时注意防止薄板的压弯，钢板侧部应喷漆记录钢材规格、材质及工程名称，按钢材材质不同喷涂不同颜色的油漆。此外，仓库管理人员应定期盘点，做好账物相符。

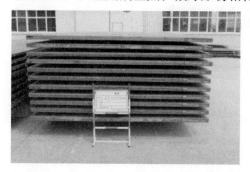

图 4-1　钢材库存图片

4.2.2　焊材存储

焊材必须在干燥通风性良好的室内仓库中堆放（见图 4-2），焊材库房内不允许放置有害气体及腐蚀性介质，室内应保持清洁。焊条应摆放在货架上，距离地面高度不低于 300mm，离墙壁距离不小于 300mm。堆放时应按种类、牌号、批次、规格及入库时间分类堆放，应标识清楚，避免混乱。焊条储存库内应置温度计、湿度计。低氢型焊条库房室内温度不低于 5℃，相对空气湿度低于 60%。

图 4-2　焊材库存图片

4.2.3　焊剂存储

焊剂一般应以袋装形式储存，在装卸搬运时应注意防止包装破损，焊剂应存放在干燥的房间内，防止受潮而影响焊接质量，其室温为 5～50℃，不能放在高温、高湿度的环境中。使用前，焊剂应按说明书所规定的参数进行烘焙。烘焙时，焊剂散布在盘中，厚度最大不超过 50mm。焊剂库存图片见图 4-3，焊剂烘焙机见图 4-4。

图 4-3 焊剂库存图片

图 4-4 焊剂烘焙机图片

4.2.4 油漆存储

油漆库房应加强明火管理，应有"禁止烟火"或"禁带火种"等明显标志，并备用相应的消防器材。油漆库房内应干燥、阴凉、通风，防止烈日、曝晒。库房内温度一般保持在 18～25℃，相对湿度 55%～75%。在使用时应做到先进先出，确保油漆均能在有效期内使用。油漆储存见图 4-5。

4.2.5 栓钉与高强螺栓存储

栓钉与高强螺栓仓库应保持干燥，按规格、型号分类储放，堆放时底下应垫放托盘，严禁直接堆放在地面上，避免栓钉和螺栓因受潮、生锈而影响其质量。栓钉与螺栓在开箱后不得混放、串放，并应做好标识（规格型号、项目、进场日期、生产厂家等），堆码应符合堆垛原则，不宜过高。栓钉库存见图 4-6。

图 4-5　油漆储存

图 4-6　栓钉库存

4.3　材料取样

（1）取样材料种类：厂内需要进行取样复试的材料主要有钢板、栓钉。

（2）见证取样人员：在钢结构构件加工前应对钢板进行见证取样，取样人员由总包实验员、监理工程师、专业分包实验员组成。特殊工程最好邀请甲方参加。

（3）取样方式：钢板取样在原材料堆放场地进行（见图 4-7），根据规范要求用石笔标注取样部位和标记取样日期及代表数量，在多方人员见证下，采用火焰切割试件并打磨平整，然后粘贴送样封条进行封样并送检。栓钉取样在库房进行并粘贴送样封条。

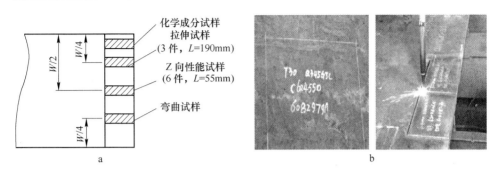

图 4-7 钢板取样

a—试样取样的位置；b—钢材取样切割示意图

4.4 材料复试与检验

4.4.1 钢板复试

4.4.1.1 钢材复试检验批规定

钢材复试检验批规定见表 4-2。

表 4-2 钢材复试检验批规定

序　号	具　体　内　容
1	牌号为 Q345 且板厚小于 40mm 的钢材，应按同一生产厂家、同一牌号、同一质量等级的钢材组成检验批，每批重量不应大于 150t；同一生产厂家、同一牌号的钢材供货重量超过 600t 且全部复验合格时，每批的组批重量可扩大至 400t
2	牌号为 Q345 且板厚大于或等于 40mm 的钢材，应按同一生产厂家、同一牌号、同一质量等级的钢材组成检验批，每批重量不应大于 60t，同一生产厂家、同一牌号的钢材供货重量超过 600t 且全部复验合格时，每批的组批重量可扩大至 400t
3	牌号为 Q345GJ 的钢板，应按同一生产厂家、同一牌号、同一质量等级的钢材组成检验批，每批重量不应大于 60t；同一生产厂家、同一牌号的钢材供货重量超过 600t 且全部复验合格时，每批的组批重量可扩大至 200t
4	有厚度方向要求的钢板，Z15 级钢板每个检验批由同一牌号、同一炉号、同一厚度、同一交货状的钢板组成，每批重量不大于 25t；Z25、Z35 级钢板逐张复验
5	对于 Z 向性能钢板，除常规化学成分、力学性能、冲击韧性等检查项目外，将按 GB 2970 规范，用直探头进行 100% 超声波复验，同时，对于切割线和焊缝坡口两侧 2 倍板范围补充按 GB 11345 规范规定方法，用斜探头进行 100% 超声波检查，确保原材料的质量

4.4.1.2　钢材复试内容

主要复试内容有：钢材的化学成分分析、拉伸实验、冲击试验、弯曲性能试验、Z 向性能试验（40mm 以上厚板做）、超声波探伤复查（20mm 以上厚板做）。

4.4.2　栓钉复试

4.4.2.1　栓钉试件制作

按规范要求，直径为 19mm 的栓钉，需做穿透焊和非穿透焊试件各 60 个（见图 4-8），其中，高于最佳电流 2%~3% 的 30 个，低于最佳电流 2%~3% 的 30 个。试件采用厚 16mm 以上、80mm×80mm 的 16Mn 钢板，以最佳恒定时间将栓钉焊在试板上。

图 4-8　栓钉试件

4.4.2.2　拉伸实验

取两种 10 个按规程制备的栓钉试样进行拉伸试验（见图 4-9），如果所有拉伸试样在抗拉载荷达到 11928N 时未断裂，继续增大载荷直至拉断，并且断裂位置位于焊缝及热影响区以外，则认为拉伸试验合格。

4.4.2.3　弯曲试验

取 20 个按本规程制备的栓钉试样进行弯曲试验（见图 4-10），用手锤打击或使用套管，使其正反方向交替弯曲 30°，直至损坏为止。对于所有弯曲试件，如果试验都是断裂在钢板母材或栓钉上而不是在焊缝或热影响区中，则认为弯曲试验合格。

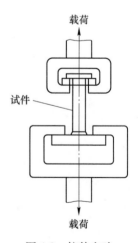

图 4-9　拉伸实验

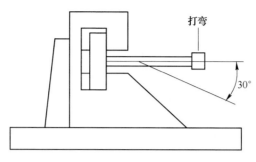

图 4-10 弯曲试验

4.4.3 成品支座、铸钢件检验

成品支座、铸钢件厂家应提供每一支座合格证明文件，包括力学性能指标、主要材料的化学成分、力学性能检验报告、尺寸偏差记录等。

需方将按批对成品支座进行验收，同一类型支座为一批，需要对制作外观、防尘措施、涂装等进行 100% 检查，尺寸偏差、钢件内部缺陷等按 10% 进行抽检。对于一般性外观缺陷，供方负责进行修补，对于影响支座性能的重大缺陷，该件产品判定为不合格，同时需方加大到 20% 比例进行抽检，如仍然不合格，则判定该批产品为不合格。

4.4.4 焊接材料验收

构件加工焊接所需要的电弧焊接焊条、埋弧焊丝、焊剂、CO_2 保护焊丝等均应符合规范要求。

建筑安全等级为一级，焊缝等级要求为一、二级的焊缝；建筑安全等级为二级，焊缝要求为一级的焊缝，焊接焊丝要进行抽样复试。

4.4.5 螺栓检验

普通螺栓为 4.6 级，普通 C 级螺栓应符合《六角头螺栓 C 级》（GB/T 5780）的规定。高强螺栓为 8.8 级和 10.9 级，应符合国家标准《钢结构用高强度大六角头螺栓》（GB/T 1228）、《钢结构用高强度大六角螺母》（GB/T 1229）、《钢结构用高强度垫圈》（GB/T 1230）、《钢结构用高强度大六角头螺栓、大六角螺母、垫圈技术条件》（GB/T 1231）的规定。

高强螺栓为摩擦型连接，接触面喷砂后生赤锈，保证抗滑移系数 $\mu = 0.45$。

所有的螺栓应采用全预应力或其他方式锁紧。锁紧完成之后连接单元还要标记上永久性的彩色标记。每一个预应力扭矩扳手都应该写入施工记录（本项工作是在螺栓安装后进行）。

4.4.6　涂装材料检验

（1）钢结构防腐涂料、稀释剂和固化剂等材料应全数检查。其品种、规格、性能等应符合现行国家产品标准和设计要求。

（2）钢结构防火涂料的品种和技术性能应符合设计要求，并应经过具有资质的检测机构检测符合国家现行有关标准的规定。

（3）防腐涂料和防火涂料的型号、名称、颜色及有效期应与其质量证明文件相符。开启后，不应存在结皮、结块、凝胶等现象。

5 钢结构交底

5.1 交底形式

钢结构交底主要分为两个方面，一方面指钢结构加工方案确立后对加工厂加工管理人员及加工班组进行加工技术交底；另一方面是安装方案论证（非超危可不论证）通过后对施工现场安装管理人员及施工班组进行安装技术交底。本章主要对钢结构加工技术交底进行阐述。

5.2 交底目的

加工厂交底主要是在加工方案确立后由总包技术人员对钢结构加工厂相应项目管理人员和加工班组进行交底，确保加工人员明确加工构件材料要求、使用部位、精度要求，加工质量保证、焊接形式、喷涂要点、加工周期、运输行驶等，保证项目主体的构件质量。

5.3 交底时间

钢结构加工厂技术交底要在加工方案确立后构件加工前进行。

5.4 交底人员

大跨度钢结构（复杂结构）加工厂内技术交底是钢构件加工的技术指导和质量管理要求，为确保交底的全面性和针对性，一般大型大跨度钢结构建筑交底人员主要包括：总包技术总工、设计院设计师、监理总监（工程师）、建设单位工程师代表、专业分包单位技术总工、加工厂技术负责人、车间工段长、加工班组及加工人员。

5.5 交底内容

根据建筑结构形式及图纸设计（深化设计）要求钢结构加工厂应进行以下技术交底工作（见图 5-1、图 5-2）：

（1）介绍项目概况、工期要求、创优概况。

（2）介绍项目所需要的构件产品、质量等级。

（3）对原辅材料进厂验收、存储、复试等进行交底。

（4）对钢板等材料下料、加工进行交底。

（5）对钢构件焊工考试、证件要求、焊接进行交底。

（6）对钢构件铆工、除锈等级及除锈细节进行交底。

（7）对钢构件油漆喷涂进行交底（尤其注意环保）。

（8）对钢构件运输、信息追踪等进行交底。

（9）对钢构件加工 BIM 应用进行交底。

图 5-1　方案交底

图 5-2　加工厂内技术交底

6 地脚螺栓

6.1 地脚螺栓形式

从受力角度：根据建筑结构形式不同，地脚螺栓基本分为以下两种形式（见图6-1）：第一种为抗剪型地脚螺栓，主要承受水平方向剪力，该形式螺栓主要应用于轻钢、重钢厂房等，强度等级 Q345。

第二种为定位型地脚螺栓，主要是对上部构件起到安装定位作用，该形式螺栓主要应用于超高层、大跨度等带有劲性柱的重钢结构建筑，强度等级 Q345。

从制作角度：地脚螺栓一般锚固于混凝土承台内，根据承受抗拔、抗剪承载力的不同，加工制作一般分为以下两种形式：

图6-1 地脚螺栓

第一种螺栓上部套丝，下部弯折 90°～180°弯钩；

第二种螺栓上部套丝，下部穿孔塞焊方形钢板。

6.2 地脚螺栓深化

根据图纸设计要求和上部劲性钢柱形式，对地脚螺栓进行深化并模拟安装形式。除深化地脚螺栓底部弯折形式外还要根据劲性柱形式、螺栓定位、数量进行深化（见图6-2）。

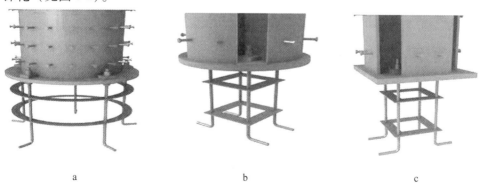

a   b   c

图6-2 地脚螺栓深化图

a—圆管钢骨柱与基础连接构造；b，c—十字钢骨柱与基础连接构造

6.3　地脚螺栓验收与复试

（1）地脚螺栓采用的圆钢，进场后需对合格证、质量证明书、外观、规格、级别等按照规范规定进行验收。

（2）地脚螺栓还需对所采用的圆钢的力学和工艺性能进行复试。复试要求按照规范规定进行。

6.4　地脚螺栓安装

6.4.1　安装思路

地脚螺栓安装要根据施工进度和现场组织形式进行安装施工，安装思路主要总结为以下两点：

（1）地脚螺栓安装应在基础钢筋绑扎时介入施工。

（2）地脚螺栓的安装顺序根据土建施工分区依次进行。

6.4.2　安装流程

地脚螺栓施工流程见图6-3。

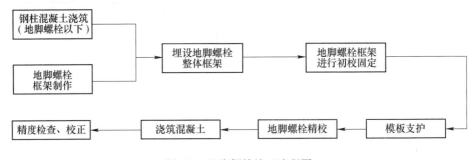

图6-3　地脚螺栓施工流程图

6.4.3　安装工艺

单组地脚螺栓施工顺序：测量放线→安放固定完成螺栓的螺栓框架→复测标高、轴线偏差→校正、临时固定→复测合格→螺栓保护→浇筑混凝土。

6.4.4　地脚螺栓定位

根据承台结构形式和钢筋绑扎密集情况，选择恰当的地脚螺栓固定措施，并严禁在主体结构钢筋主筋上大面积焊接，以免烧伤主筋，影响结构安全。常规大跨度钢结构地脚螺栓预埋定位形式如图6-4所示。

图 6-4 地脚螺栓预埋定位形式

6.4.5 地脚螺栓安装注意事项

（1）混凝土浇筑前，采用全站仪认真复核螺栓平面定位和标高位置（宁高勿低）。

（2）安装时如果遇到钢筋与螺栓冲突，要选择调整钢筋，确保螺栓定位。

（3）有损坏的丝扣严禁安装在工程上。

（4）混凝土浇筑前，要用黄油将螺栓包裹并最好用 PVC 套筒套住保护，避免碰撞损坏丝扣。

（5）浇筑混凝土时要从螺栓周围缓慢地对称浇筑，振捣棒不得碰触螺栓，混凝土初凝后严禁晃动螺栓（晃动会削弱螺栓与混凝土的握裹力）。

（6）浇筑混凝土时严禁施工人员踩踏地脚螺栓，混凝土完成面宁低勿高。

（7）混凝土浇筑时测量人员要全程跟踪测量，如有碰撞扰动须及时矫正复核。

地脚螺栓安装偏差质量要求见表 6-1、表 6-2。

表 6-1 地脚螺栓（锚栓）位置的允许偏差 （mm）

项　　目		允许偏差
支撑面	标高	±3.0
	水平度	$L/1000$
地脚螺栓（锚栓）	螺栓中心偏移	5.0
预留孔中心偏移		10.0

表 6-2　地脚螺栓（锚栓）尺寸的允许偏差　　　　　（mm）

项　目	允许偏差
螺栓（锚栓）露出长度	+30.0
螺纹长度	+30.0

7　地下劲性钢结构

7.1　地下劲性钢结构加工

劲性混凝土（又称型钢混凝土或劲钢混凝土）组合结构构件由混凝土、型钢、纵向钢筋和箍筋组成，基本构件为梁和柱。劲性混凝土组成结构分为全部结构构件采用劲性混凝土的结构和部分结构构件采用劲性混凝土的结构。劲性混凝土具有强度高、构件截面尺寸小、与混凝土握裹力强、节约混凝土、增加使用空间、降低工程造价、提高工程质量等优点。

本章仅对地下劲性混凝土柱和地下劲性混凝土梁进行阐述。

7.1.1　劲性钢柱加工

7.1.1.1　劲性柱深化

A　深化团队

为确保工程深化设计质量及进度，深化团队必须由具有资深设计经验的高级工程师领衔，团队人员由从事多年深化设计且具有多年大型钢结构设计经验的专业钢结构深化设计人员组成。

B　深化软件

深化软件有 AutoCAD、Tekla、BIM、Revit、MidasGen8.0、Sap2000 等。

C　深化内容

钢柱：钢板截面、钢板尺寸、坡口形式；底板：钢板截面、钢板尺寸、螺栓孔、混凝土浇筑孔；顶板：钢板截面、钢板尺寸、混凝土灌注孔；以及栓钉、牛腿、连接耳板、吊装耳板、模板加固螺栓。

D　深化建模

根据深化内容要求，对构件逐一进行建模深化（见图 7-1）。并注意劲性柱出地下劲性部分时高度要高于地下混凝

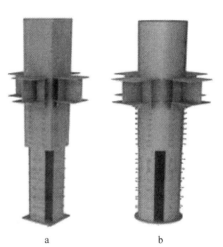

图 7-1　劲性柱深化图纸

a—方管柱示意；b—圆管柱示意

土面层 1.2m 以上（该部位受力薄弱，适宜留置焊接缝）。

E　深化出图

根据深化建模模型（见图 7-2、图 7-3），利用软件功能对各构件细分，形成深化图纸，并经原设计确认签发后即可下达车间及施工现场进行下一步施工。

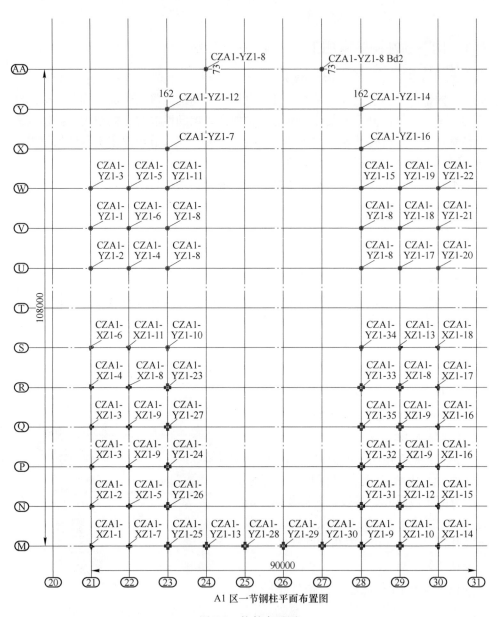

图 7-2　构件布置图

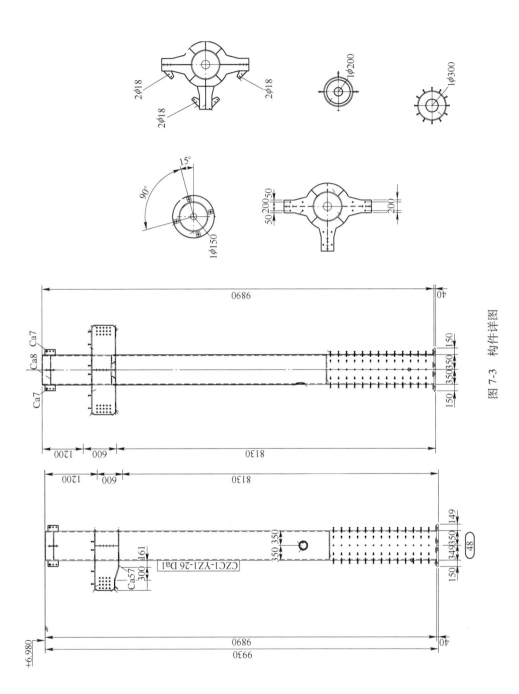

图 7-3 构件详图

F　深化设计注意事项

（1）深化设计前要开展工艺评审，组织相关部门对重难点部位的节点设计、制作工艺进行分析并提出建议。在深化设计前形成合理的工艺评审文件，并在深化设计文件中得以体现。

（2）深化设计要考虑深化的构件是否易于加工，多细化构件，避免较难构件加工。

（3）深化设计要考虑构件的运输及吊装方便，避免设计超大构件。

（4）深化设计要考虑工地现场不易焊接的栓钉等，划分在工厂焊接。

7.1.1.2　劲性柱加工（圆柱）

A　钢板矫平

钢板进场后首先验收钢板是否平整（见图 7-4），不平整的需进行矫平。钢板矫平时优先采用矫平机对钢板进行矫平（见图 7-5）。当矫平机无法满足要求时采用 1000t 液压机进行钢板矫平。

碳素结构钢在环境温度低于 -16℃、低合金结构钢在环境温度低于 -12℃ 时不应进行冷矫正。一般 Q345B 钢板热矫正温度控制在 850 ~ 900℃，然后自然冷却。

矫正后的钢板表面，不应有明显的凹面或损伤，划痕深度不得大于 0.5mm，且不应大于该钢板厚度负允许偏差的 1/2。

图 7-4　钢板平整检查　　　　　　　　图 7-5　矫平机矫平

B　钢板标尺

根据深化设计图纸要求，选取适当规格的钢板，并在钢板上用石笔等标记切割控制线。将切割要求输入自动、半自动数控切割电脑，待电脑指令发出后即可切割。钢板下料标尺见图 7-6，下料前检查见图 7-7。

图 7-6 钢板下料标尺　　　　　　　图 7-7 下料前检查

C　钢板下料

钢板切割下料分为等离子切割和火焰切割两种，一般采用火焰切割。火焰切割原则上采用半自动火焰切割机或数控切割机（见图 7-8）。

a　　　　　　　　　　　　　　　　b

图 7-8 钢板切割

a—半自动切割机切割；b—数控切割机切割

钢材切割面或剪切面应无裂纹、夹渣、分层和大于 1mm 的缺棱。切割后，切割面的割渣等应清除干净，自由边缘应倒角处理。

材料的使用严格按排版图和放样配料卡进行领料和落料，实行专料专用，严禁私自代用。下完的料在上方打印钢冲。

下料允许偏差见表 7-1。

表 7-1 下料允许偏差　　　　　　　　　　　　　　　　　（mm）

项　目	允许偏差	控制目标	检查方法
零件的长度、宽度	±3.0	±2.5	钢尺、游标卡尺
切割面平面度	0.05t 且≤2.0	0.05t 且≤2.0	水平尺、塞尺

项　目	允许偏差	控制目标	检查方法
割纹深度	0.3	0.3	游标卡尺
局部缺口深度	1.0	1.0	游标卡尺

D　坡口加工

坡口加工主要有火焰切割（一般用于 30mm 以上厚板）和端铣（一般用于 30mm 以下厚板）两种方法（见图 7-9）。坡口加工的主要目的是方便接口位置相邻两构件焊接熔合。

图 7-9　坡口加工

a—火焰切割；b—端铣

坡口精度规范偏差标准见表 7-2。

表 7-2　坡口精度规范偏差标准

项　目	允许偏差	控制目标
坡口角度/(°)	±5	0~+5
坡口钝边/mm	±1.0	±1.0
坡口面割纹深度/mm	0.3	0.3
局部缺口深度/mm	1.0	1.0

E　钢板卷管

通过对目前国内几家知名大型钢结构生产企业调查，大型圆管柱多由平钢板辊闸成型。据了解，目前"江苏沪宁"可一次性辊卷 2.4m 直径大钢管。

a　卷管工艺流程

卷管工艺流程见图 7-10。

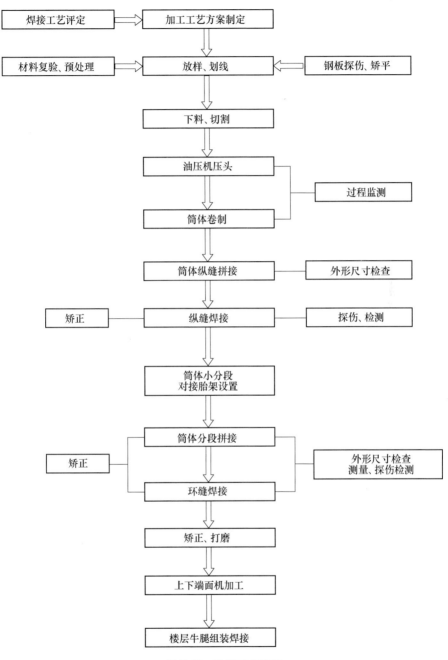

图 7-10 卷管工艺流程

b 卷管工艺展示

卷管工艺展示如图 7-11 所示。

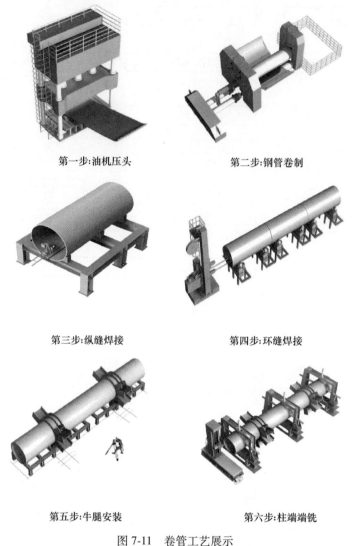

第一步:油机压头　　　　　　第二步:钢管卷制

第三步:纵缝焊接　　　　　　第四步:环缝焊接

第五步:牛腿安装　　　　　　第六步:柱端端铣

图 7-11　卷管工艺展示

c　卷管注意事项

(1) 钢管卷管要根据深化图纸和钢板放样图进行卷管。

(2) 筒体卷制加工余量加放,需注意以下几点:

1) 钢管卷制直径精度的控制。由于钢管柱钢板较厚,钢管压制后,其圆周长将会增加,所以加工前应将钢管直径缩小展开,进行下料。在压制过程中钢板的伸长率发生变化,会直接导致加工后筒体的直径偏大,所以加工前必须采取措施进行预防。

2) 钢管轧制压头余量的加放。为保证每一管节位于纵缝区域曲线光顺,必须在纵缝两侧各加放一定的加工压头余量，如图 7-12 所示（当板厚小于且等于 40mm 时不用加放压头余量，当板厚大于 40mm 时，加放 1.5 倍板厚压头余量）。

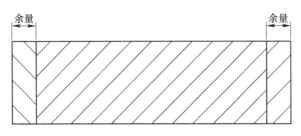

图 7-12 钢板余量分析图

3）为了保证筒体的外形尺寸精度，筒体卷制时根据其直径在零件上划出若干条平行加工母线（见图 7-13），卷制过程中通过加工母线位置调节钢板进料方向及速度，从而达到加工成型的要求。

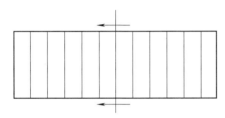

图 7-13 钢管加工母线图

F 卷管焊接

a 焊接形式

卷管完成后需对钢管纵缝、环缝等进行焊接。在钢结构焊接领域目前主要有电弧焊、CO_2 气体保护焊、埋弧焊、电渣焊、栓钉焊这几种形式。

电弧焊：常规 E43/E50 焊条焊接。应用于 Q235 钢材及三级焊缝。

CO_2 气体保护焊：采用 $\phi1.2mm$ 等实芯、药芯焊丝伴有 CO_2 保护气体焊接，焊接时焊丝与母材间产生的电弧熔化焊丝及母材，形成熔池金属的同时，焊枪喷出 CO_2 保护气体。应用于工厂内定位焊、节点复杂及施工现场拼接焊。

埋弧焊：在颗粒焊剂层下，由焊丝和母材之间放电而产生的电弧，使焊丝的端部和母材局部熔化，形成熔池，熔池金属凝固后即形成焊缝。埋弧自动焊对焊件的装配精度要求高，并且只适用于平位置和横位置焊接。埋弧焊在大跨度钢结构中主要用于构件长直主焊缝的焊接。

电渣焊：利用电流通过熔渣所产生的电阻热作为热源，将填充金属和母材熔化，凝固后形成金属原子间牢固连接。电渣焊焊件不用开坡口，适用于立焊位置焊接方法，大跨度钢结构中电渣焊主要用于箱型构件狭小空间（人工不宜操作）的内部加劲板的焊接。

栓钉焊：在栓钉的柱端与另一板状工件之间利用电弧热使之熔化并同时施加压力完成焊接的方法。栓钉焊主要用于劲性混凝土包裹的钢构件表面的焊接。

b　焊接人员资质

（1）焊工入职：拥有一支稳定优良的焊接操作队伍，是保证构件加工质量的前提，对新入职的焊工必须进行相应的焊接管理办法、焊接理论知识和实操的培训和考试，考试合格后方可上岗作业。

（2）焊工培训及取证：焊工的培训包括理论与工艺操作两部分，焊接工人应先取得焊工上岗合格证，对焊接工艺复杂的焊接应结合工艺评定进行专项培训和焊接考试（见图 7-14、图 7-15）。对考试人员根据考试试件检验报告，评定焊工等级。根据构件焊缝一二三级焊缝进行相应入岗，严禁低水平人员操作焊接一级焊缝。

图 7-14　焊工培训

图 7-15　焊工考试

c　焊接工艺评定

焊接工作正式开始前，对工程中首次采用的钢材、焊接材料、焊接方法、焊接接头形式、焊后热处理等必须进行焊接工艺评定试验，对于原有的焊接工艺评定试验报告与新做的焊接工艺评定试验报告，其试验标准、内容及其结果均应在得到监理工程师认可后才可进行正式焊接工作。提交认可的焊接工艺规程应包括：

（1）焊接工艺方法、钢材级别、板厚及其应用范围。

（2）坡口设计和加工要求、焊道布置和焊接顺序、焊接位置。

（3）焊接材料的牌号、认可级别和规格、焊接设备型号。

（4）焊接参数（焊接电流、电弧电压和焊接速度等）。

（5）预热、层间温度和焊后热处理及消除应力措施，检验项目及试样尺寸和数量焊接工艺认可试验计划经有关部门批准后即可进行正式认可试验。并在监理人员等在场监督情况下进行试件装配、焊接和力学性能测试。力学性能试验合格后，在试验报告上签字。评定试件焊接见图7-16，评定试件完成见图7-17。

图 7-16 评定试件焊接

图 7-17 评定试件完成

力学性能测试合格后，编制试验报告，该报告除了在认可试验计划中已叙述的内容外尚须作如下补充：

（1）焊接试验及力学性能试验的日期和地点。

（2）由监理工程师签过字的力学性能试验报告。

（3）焊接接头的宏观或显微硬度测定。

（4）试件全长的焊缝外形照片及 X 射线探伤照片或超声波探伤报告。

（5）母材及焊接材料的质量保证书。

（6）力学性能测试后的试样外观照片。

d　焊接环境

当焊接环境出现下列任一情况时，须采取有效防护措施，否则禁止施焊：

（1）焊接面处于潮湿状态，或暴露在雨、雪和高风速条件下。

（2）采用手工电弧焊作业（风力大于 5m/s）和 CO_2 气体保护焊（风力大于 2m/s）作业时，未设置防风棚或没有防护措施的情况下。

（3）焊接操作人员处于恶劣条件下时，相对湿度大于 90%。

（4）焊接环境温度低于 0℃但不低于−10℃时应采取加热或防护措施（见图7-18、图7-19），应确保焊接接头方向不小于 $2t$（t 为板厚）且不小于 100mm 范围内母材温度不低于 20℃或规定的最低预热温度（二者取高值），且焊接过程中不应低于这个温度。当焊接环境温度低于−10℃时，必须进行同焊接环境下工艺评定试验，评定合格后方可焊接，不合格严禁焊接。

e　焊前预热

焊接前必须对焊缝两侧（$2t+100$）mm（t 为壁厚）范围内进行预热，（见图

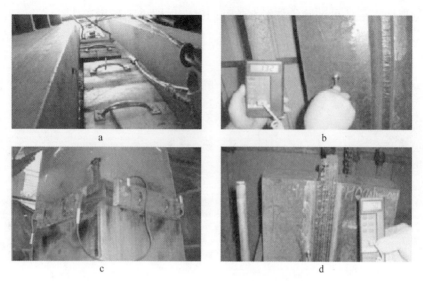

图 7-18　焊前加热措施

a—电加热预热；b—层间温度控制；c—电加热后热；d—后热温度控制

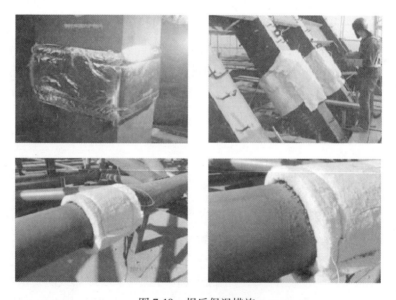

图 7-19　焊后保温措施

7-20）。预热采用陶瓷电加热板进行预热，预热温度 100~150℃，加热时需随时用测温仪和温控仪测量、控制加热温度，不得太高。

　　f　引弧熄弧板安装

　　焊接前在焊缝底部安装引弧熄弧板和焊接垫板（见图 7-21）。CO_2 气体保护

图 7-20 焊前预热

焊引弧熄弧板长出端部焊口 2.5cm，埋弧焊接引弧熄弧板长出端部焊口 8cm；焊接垫板厚度一般为 6mm，宽度超出相邻母材焊缝间隙两侧各 10mm（一般焊缝间隙为 $t/4$ 或 5~6mm）。

图 7-21 焊缝引弧熄弧板

g 定位焊接

把卷好的管体吊入拼装胎架上进行纵缝的拼接，拼接时应注意板边错边量和焊缝间隙，另外定位焊时不得用短弧焊进行定位，定位前用火焰预热到 120~150℃，定位焊长度不小于 60mm，间距 300mm 左右，定位焊条规格为 φ3.2mm，焊缝高度不大于 8mm，且不得小于 4mm。拼接后检查管口椭圆度、错边等，合格后提交检查员验收，并做好焊前记录。注意：定位焊接必须由有相应资质证书的焊工进行焊接。

h 钢柱纵缝焊接

（1）焊接顺序：纵缝焊接当板厚大于等于 30mm 时采用双面坡口形式，先焊内侧，后焊外侧面。内侧焊满 2/3 坡口深度后进行外侧碳弧气刨清根，并焊满外侧坡口，再焊满内侧大坡口，使焊缝成型。

当板厚小于 30mm 时可以采用单面内坡口焊接外侧清根焊接形式进行焊接

成型。

（2）埋弧焊接：筒体焊接采用筒体自动焊接中心或在自动焊接胎架上进行（见图 7-22），筒体内外侧均采用自动埋弧焊进行焊接（见图 7-23）。且钢筒体纵缝只允许有一条。

图 7-22　筒体固定胎架　　　　　　　图 7-23　埋弧直线焊接

ⅰ　筒体矫正

筒体矫正分为火焰矫正（见图 7-24）和回圆矫正（见图 7-25）两种形式。

图 7-24　筒体火焰矫正　　　　　　　图 7-25　筒体回圆矫正

加工过程中和加工成型及纵缝焊接后均需采用专用样板检查筒体的成型，加工样板采用 2~3mm 厚不锈钢板制作，每节筒体用不少于三个部位的检查样板进行检查。筒体加工成型后应直立于水平平台上进行检查，其精度应达到下述要求：

上、下端面平面平行度偏差≤2mm；

上、下端面圆心垂直偏差≤2mm；

上、下端面平面圆度偏差≤3mm；

上、下端面平面周长偏差≤3mm；

筒体长度偏差≤3mm。

圆弧偏差用周长为2m的圆弧样板检验，偏差≤1.5mm，位于纵缝两侧的圆弧偏差只允许外凸，不允许内凹。对接缝板边偏差≤1.5mm。

当达不到以上要求时，必须进行矫正，矫正采用卷板机和火焰加热法进行。

如误差出现偏大时，采用卷板机用滚压法进行矫正。

j　内隔板组装焊接

内隔板安装原则：首先是根据目前大跨度钢结构主体内隔板安装的情况及设计要求，在牛腿、梁柱节点、上下柱对接等位置设置内隔板以增强该部位柱子刚度；其次是根据设计要求一般≤2.5m要设置一组内隔板增加柱身刚度来满足主体长细比（柔度）较大状态下受力要求。

筒体小段节焊接矫正后，按图纸尺寸先安装筒体内的加劲横隔板（见图7-26）、封头隔板（见图7-27），安装后即进行焊接，焊接采用CO_2气体保护焊进行对称焊接，焊后进行局部矫正。

图7-26　加劲隔板焊接　　　　　　　图7-27　封头隔板焊接

k　筒体对接

将焊好内隔板的筒体段节在专用水平胎架上进行对接接长（见图7-28），然后采用筒体焊接中心在滚轮胎架上进行环缝的埋弧焊接，焊后进行局部矫正。

相邻管节拼装组装时，纵缝应相互错开大于300mm，并必须保证两端口的椭圆度、垂直度以及直线度要求，符合要求后定位焊，定位焊要求同前。拼接后在所有管体上弹出0°、90°、180°、270°母线，并用样冲标记。

同样，将拼接好的管体吊入滚轮焊接胎架上用埋弧焊进行环缝的焊接（见图7-29），焊接要求同纵缝要求。环缝焊接顺序：先焊管体内侧焊缝，外侧清根后再焊管体外侧焊缝。环缝焊接前同样进行焊前预热。

图 7-28　筒体对接

图 7-29　筒体埋弧焊接

l　柱体探伤试验

柱体纵缝焊接及接缝焊接完成后 24h 可进行超声波探伤试验（见图 7-30）。不合格必须做返修处理。

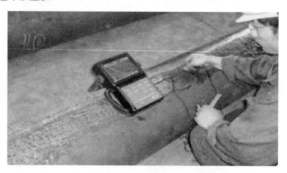

图 7-30　纵缝超声波探伤

m　柱子端铣

钢柱端面采用机械动力装置进行端面铣（见图 7-31），通过对钢柱端面的机加工，使钢柱两端面保证平行且与钢柱轴心线相互垂直，同时精确控制钢柱的长度尺寸。

图 7-31　端面铣

n 牛腿安装

（1）测量放线：根据深化图纸要求，利用全站仪在牛腿上放出牛腿控制中心线。

（2）牛腿安装：牛腿安装须在专用组装平台上进行组装定位和焊接，焊接采用 CO_2 气体保护焊对称焊接，严格控制牛腿的相对位置和垂直度以及高强螺栓孔群与箱体中心线的距离。牛腿焊接见图 7-32，加劲板焊接见图 7-33。

图 7-32 牛腿焊接

图 7-33 加劲板焊接

7.1.1.3 劲性柱加工（方柱）

方柱加工相对于圆形柱加工稍为简单，而且从钢柱深化→下料均相同，两者之间的差别在于箱型柱的组装、内隔板焊接和盖板焊接。在此只对箱型柱组装焊接进行阐述。

A 箱型构件加工制作流程

箱型构件加工制作流程如图 7-34 所示。

B 箱型构件加工流程

箱型构件加工流程如图 7-35 所示。

C 箱型构件加工要点

（1）钢板下料采用多头直条切割机，钢板两侧同时切割下料，保证零件直线度。

（2）为保证构件装配精度，零件下料后还应根据需要进行二次矫平。

（3）对于大截面的箱型构件采用胎架进行组装。胎架应具有足够的刚度和稳定性，装配基准面应保证水平。

（4）根据深化图纸设计要求放出地样定位线，根据地样定位一块面板，并在面板上画出内隔板以及两侧面板位置线。

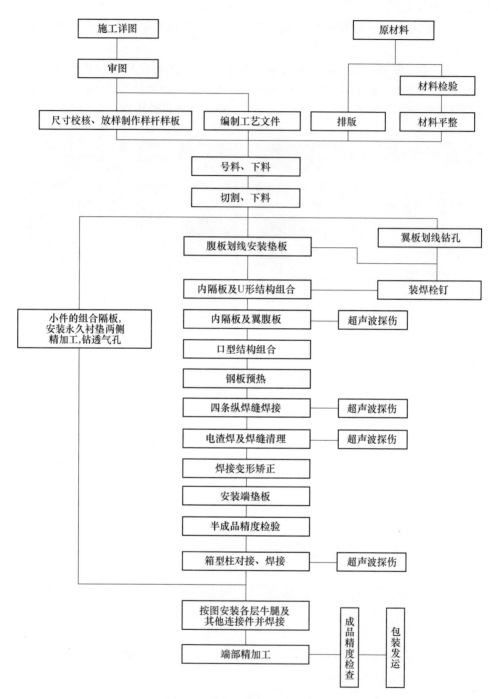

图 7-34　箱型构件加工制作流程

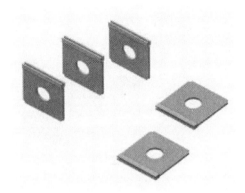

步骤一：零件下料切割

步骤二：内隔板组装

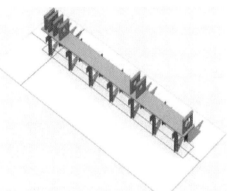
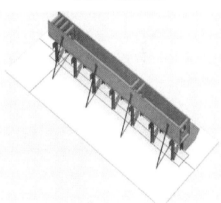

步骤三：底板与内隔板组装

步骤四：箱体U形组装内隔板焊接

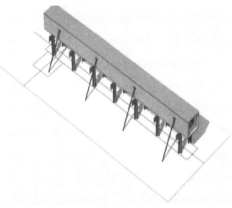
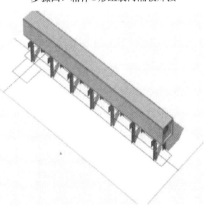

步骤五：箱体盖板

步骤六：箱体四条纵缝焊接

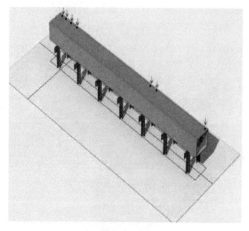

步骤七：电渣焊开孔

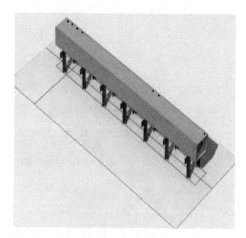

步骤八：电渣焊焊接内隔板

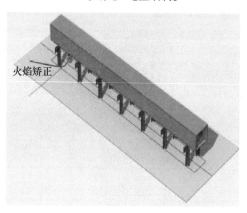

步骤九：箱体消应力矫正

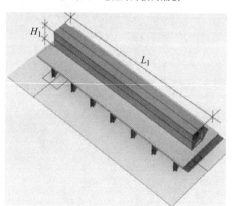

步骤九：箱体探伤检测

图 7-35　箱型构件加工流程

（5）按放线要求装配各内隔板。装配时应保证各内隔板的水平度，以满足后续电渣焊的装配间隙。

（6）按放线要求装配两侧面板。两侧面板的上表面应略低于内隔板上表面，同样是为了满足后续电渣焊的装配间隙。

（7）箱体腹板、翼缘板焊接及隔板焊接采用 CO_2 气体保护焊，焊接内隔板与两面板间焊缝时应从中间往两边进行焊接，以减小焊接变形。焊后按要求进行隐蔽焊缝的检测。

（8）安装最上面板时，确保板面与两侧腹板平行且间隙符合焊接要求。

（9）上板安装完成后，根据内隔板位置进行打孔，并深入电渣焊机焊接内隔板。

（10）电渣焊焊接、检测完成后，采用埋弧焊进行箱型主体焊缝焊接。焊前需加设引弧、熄弧板。焊接时，对称两条主焊缝应同时焊接。焊后按要求进行检测。

（11）箱型构件焊接完成后，即进行端部铣平，铣平面应与构件中心线相垂直。

（12）箱型构件成型后进行消应力处理和探伤、外观等全面检查并转下一道工序。

7.1.1.4 栓钉焊接

A 栓钉焊接工艺流程

栓钉焊接工艺流程见图7-36。

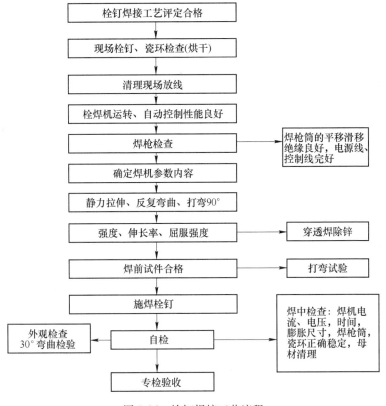

图7-36 栓钉焊接工艺流程

B 安装流程

安装流程如图7-37所示。

C 栓钉焊接质量检查

（1）外观检查：栓钉焊接应满足以下要求：成型焊肉周围360°，根部高度大

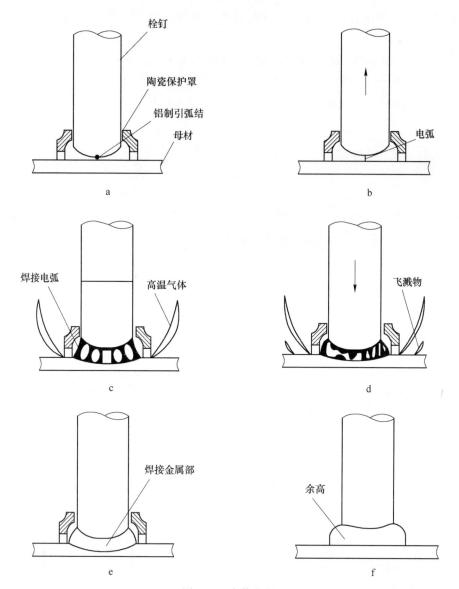

图 7-37　安装流程

a—焊接准备（栓钉端部与母材接触）；b—引弧（按动开关，上提栓钉产生引导电流）；
c—焊接（强电流使栓钉端与一部分母材加热熔化）；d—固定到一段时间后栓钉压入到母材中；
e—断电（熔化金属凝固）；f—冷却（焊接完成）

于 1mm，宽度大于 0.5mm，表面光洁，栓钉高度差小于 ±2mm，没有可见咬肉和裂纹等焊接缺陷。外观不合格者打掉重焊或补焊。在有缺陷一侧进行打弯检查。

（2）弯曲检查：弯曲检查是现场主要检查方法。用锤敲击栓钉使其弯曲，偏离母材法向 30°角。敲击目标为焊肉不足的栓钉或经锤击发出间隙声的栓钉。

弯曲方向与缺陷位置相反，如被检栓钉未出现裂纹和断裂即为合格。抽检数量为1%。不合格栓钉一律打掉重焊或补焊。

（3）特别注意：栓钉焊接前首先在施焊构件上测量放出栓钉定位线；严禁使用锈蚀栓钉；栓钉焊接表面不得有油污和水分；如果栓钉焊接质量较差，可在旁边补焊一支新栓钉。

栓钉焊接如图 7-38 所示，栓钉检查如图 7-39 所示。

图 7-38　栓钉焊接

图 7-39　栓钉检查

7.1.1.5　应力消除

由于钢管是采用卷制或压制成型工艺加工制造的，在钢板卷制或压制以及焊接过程中存在相当大的内应力，为此有必要从以下几个方面来采取措施，进一步消除构件残余应力。对于钢结构常用的应力消减方法主要有热时效法、冲砂除锈法、振动时效法、超声冲击与锤击法和局部烘烤释放应力法五种，具体介绍如下。

（1）热时效法：热时效（退火处理）就是将构件由室温（或不高于 150℃）缓慢、均匀加热至 550℃ 左右，保温 4~8h，再严格控制降温速度至 150℃，达到消除残余应力的目的。

（2）冲砂除锈法：因为冲砂除锈时，喷出的铁砂束压力高达 2.5MPa，用铁砂束对构件焊缝及其热影响区反复、均匀地冲击，除了达到除锈效果外，对构件的应力消除亦将会起到良好的效果。

（3）振动时效法：振动时效的原理就是给被时效处理的工件施加一个与其固有谐振频率相一致的周期激振力，使其产生共振，从而使工件获得一定的振动能量，使工件内部产生微观的塑性变形，从而使造成残余应力的歪曲晶格被渐渐地恢复到平衡状态（见图 7-40）。

（4）超声冲击与锤击法：超声冲击（UIT）的基本原理就是利用大功率超声波推动工具以每秒 2 万次以上的频率冲击金属物体表面（见图 7-41），由于超声

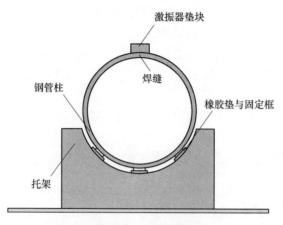

图 7-40　振动时效法

波的高频、高效和聚焦下的大能量，使金属表面产生较大的压塑变形，同时超声冲击波改变了原有的应力场，产生一定数值的压应力，并使被冲击部位得以强化。

（5）局部烘烤释放应力法：构件完工后在其焊缝背部或焊缝两侧进行烘烤（见图 7-42）。此法过去常用于对 T 形构件焊接角变形的矫正中，不需施加任何外力，构件角变形即可得以校正。由此可见只要控制加热温度与范围，此法对消余应力是极为有效的。

图 7-41　超声冲击示意图

图 7-42　局部烘烤释放应力法

7.1.1.6　焊接注意事项

（1）定位焊接可采用 CO_2 气体保护焊或手工电弧焊。完成后如存在裂纹、夹渣、气孔、焊瘤等缺陷，应采用碳弧气刨清理干净，重新焊接。

（2）严禁在母材上随意引弧。

（3）角焊缝的转角处包角应良好，焊缝的起落弧应回焊 10mm 以上。

（4）埋弧自动焊如在焊接过程中出现断弧情况，必须将断弧处刨成 1∶5 的坡度，搭接 50mm 后施焊。埋弧自动焊焊剂覆盖厚度控制在 20～40mm，焊接后待焊缝冷却后再敲去熔渣。

（5）焊接过程中应全程采用电子测温仪严格监控道间温度。

（6）在厚板焊接过程中应采用多层多道焊缝，一般每层焊缝厚 3～4mm，焊接完成后高出焊件边缘 3mm，超出焊口边线 2～2.5mm。

（7）对于板厚≥40mm 的厚板，焊接完成后还应进行后热处理，防止温度下降过速，引起收缩裂纹。

（8）大跨度钢结构焊接还应注意焊接变形的控制，可以采取加设垫物反变形处理措施。或在焊接时加设工装夹具，约束焊接时构件变形。

（9）厂内加工要在一个标准平台上进行，确保构件有足够的承载力，避免下挠。

（10）焊接要采取合理的焊接顺序，对焊缝布置均匀的对称的钢结构构件应对称同时施焊，以减少单侧不同时焊接产生的焊接变形。

（11）焊接的顺序一般为立焊→平焊→仰焊，焊道内包括打底焊（5～7mm 为宜）、填充焊（每层 3～4mm 在接近盖面时均匀留出 1.5～2mm 坡口深度，不得伤及坡口边）、盖面焊（5～7mm 为宜）。

焊接缺陷对策见表 7-3。

表 7-3　焊接缺陷对策

缺陷类型	图　示	缺陷说明	解决方法
咬边	立板　咬边处　平板　咬边处	焊接熔合线母材熔化，熔敷金属又不足以填充，形成凹口部分	发生在焊高过高时： （1）降低焊接电流； （2）降低焊接速度； （3）同等条件，加长焊丝干伸长
			发生在焊高过低时：降低电弧电压
			发生在平板一侧时：将焊枪角度向立板方向抬起
			发生在立板一侧时：将焊枪角度向平板一侧倾斜

缺陷类型	图　示	缺陷说明	解决方法
焊瘤	焊瘤处　平板	多发生在角焊缝的熔合线，填充金属没有和母材熔合，形成瘤状的部分	发生在平板和立板两侧时： （1）电弧电压低，与焊接电流不匹配，建议提高电压； （2）提高焊接速度 发生在平板时： （1）将焊枪角度向立板一侧抬起； （2）焊丝前端向外侧移动 1~2mm； （3）将焊枪行进角度抬高； （4）将焊丝干伸长适当调整 发生在立板时： （1）将焊枪角度向平板一侧倾斜； （2）将焊丝位置调到立板一侧
焊脚尺寸不足	尺寸　脚长　脚长	焊接金属在平板和立板两侧的焊脚尺寸不足或在其中的一侧尺寸不足	两侧全部尺寸不足时： （1）提高焊接电流、电弧电压； （2）提高焊丝的干伸长度 其中一侧尺寸不足时：向焊脚尺寸不足的相反方向调整焊枪角度
焊高过高	过高余高　良好余高　过高余高　良好余高	焊高过高，与焊缝宽度不匹配	多发生在立焊时的向上焊接或倾斜焊缝的上坡焊时： （1）调低焊接电流，减少单位熔敷量； （2）调短焊丝的干伸长； （3）提高电弧电压； （4）尽量减少上行焊接，选择下行焊接
焊高过低	焊缝有效厚度	焊缝表面凹陷，造成有效厚度减小；多在立面下行焊接或倾斜下行焊接时发生	（1）降低焊接电流，减少单位熔敷量； （2）调短焊丝的干伸长； （3）降低电弧电压； （4）缩小焊枪向前移动的角度； （5）调整焊接速度； （6）熔敷金属先行，即提高焊接速度； （7）熔敷金属迟行，即降低焊接速度

缺陷类型	图 示	缺陷说明	解决方法
焊缝形状不整齐	余高　焊缝宽度 焊缝宽度不均匀	焊缝宽度、焊缝高度变化过大	(1) 通过试矫消除高度位置的上下变化； (2) 导电嘴的空磨耗过大，更换； (3) 确认焊丝能够顺利输送； (4) 确认焊丝有无伤痕； (5) 确认输送轴、加压轴、焊丝导向装置有无伤痕、磨损状况
焊缝不直如蛇行		与目标焊接线有偏差，熔合线如蛇行，上下起伏	(1) 调整矫正轮以固定焊丝的送丝方向； (2) 调整矫正轮使焊丝的打弯直径大于500mm以上； (3) 确认导电嘴的圆孔直径； (4) 磁偏吹时改变焊接方向、地线方向
气孔	凹陷 气孔 球状气孔	熔化金属遇到高温，吸收大量的氧气、氮气、氢气等气体，没有浮到表面、留在内部的气体形成内部气孔，留在表面上的气体形成外部气孔（总称气孔）	(1) 将保护气体流量调整到导电嘴直径+5~10L/min； (2) 当风速达到2m/s以上时，要采取防风措施； (3) 彻底清除导电嘴内沉积的飞溅物； (4) 将焊枪的行进角度调整在90°以下、60°以上的范围； (5) 使用CO_2气体时，将喷油嘴的高度控制在25mm以内，混合气体控制在20mm以内； (6) 清除油、涂漆、锈、水分； (7) 使用Si、Mn、Ti等富含脱氧物质的焊丝； (8) 选择适当的焊丝和保护气体
弧坑气孔	气孔	收弧时产生的微小气孔，发生在电流过高时	(1) 在处理填弧坑时，将电流调到标准电流的70%以下； (2) 使用Si、Mn、Ti等富含脱氧物质的焊丝； (3) 缩短电弧长度； (4) 在填弧坑未冷却状态下重复焊接

缺陷类型	图　示	缺陷说明	解决方法
熔合不良	熔合不好 熔合不好	焊接熔合部未熔合的部分	（1）纠正所要进行的焊接可能产生的误差； （2）焊接焊丝打弯要大； （3）导电嘴的孔磨损后容易发生，所以要保证导电嘴的质量； （4）改变焊枪的角度； （5）使用合适的保护气体

7.1.1.7　底板冲孔

构件焊接完成后，吊入铆工车间，对其进行冲孔。

测量：根据深化图纸设计要求，在钢柱底板上标记出螺栓孔，孔径>螺栓直径 1.5mm，且孔中心距离板材边缘>4d（d 为螺栓孔直径），最低≥2d。

7.1.1.8　安装连接耳板

在钢柱顶部焊接连接工艺耳板，用于与上节柱连接校准和钢柱吊装作用。

7.1.2　劲性钢梁加工

7.1.2.1　劲性 H 型钢梁深化

根据原设计图纸，深化地下劲性钢梁，并形成深化图纸（见图 7-43），经设计确认后即可将图纸下发至加工车间，进行加工。因 H 型钢梁形式简单，加工

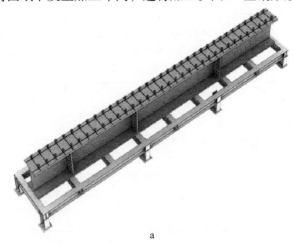

a

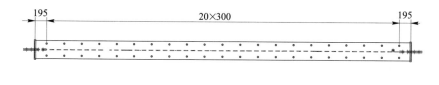

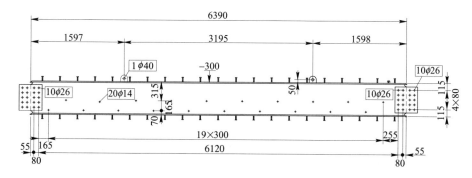

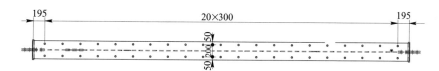

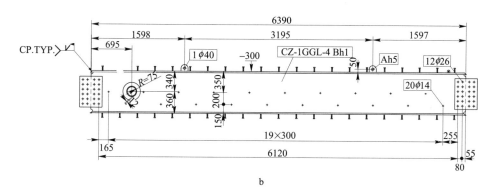

b

图 7-43 H 型梁深化图

a—深化模拟大样图；b—深化构件图

难度小，深化相对容易，在此不再详细阐述，如有疑问可参考上述钢柱深化要点。

7.1.2.2 H 型钢梁加工制作

A H 型钢梁制作工艺流程

H 型钢梁制作工艺流程如图 7-44 所示。

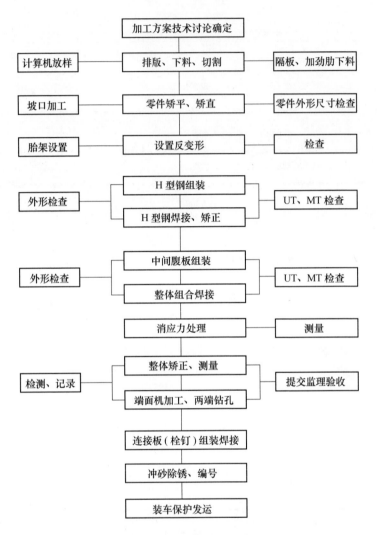

图 7-44　H 型钢梁制作工艺流程

B　加工工艺展示

加工工艺展示如图 7-45 所示。

C　H 型劲性钢梁加工要点

a　钢板下料

(1) 下料人员根据深化图纸构件拆分详图在钢板上做出标尺划线（见图 7-46），并采取火焰、等离子等方式进行切割（见图 7-47）。样板（样杆）、气割、下料、机械剪切的允许偏差见表 7-4~表 7-7。

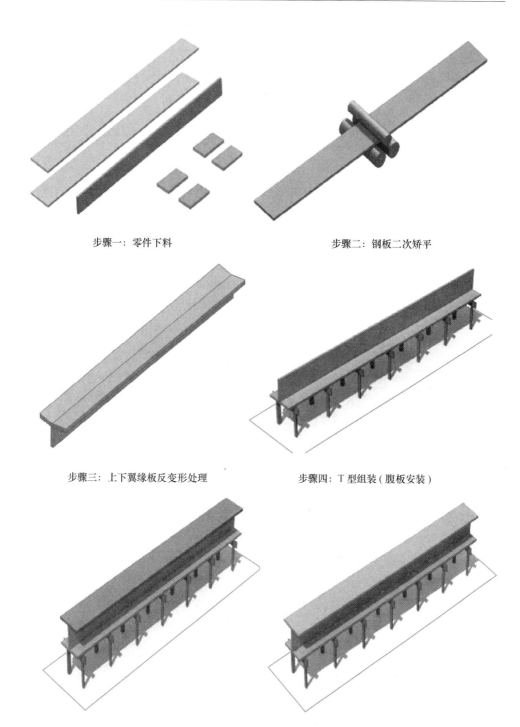

步骤一：零件下料　　　　　　　　　　　步骤二：钢板二次矫平

步骤三：上下翼缘板反变形处理　　　　　步骤四：T 型组装（腹板安装）

步骤五：H 型组装（上翼缘安装）　　　　步骤六：定位焊接

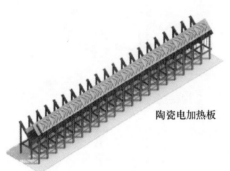

陶瓷电加热板

步骤七：焊前预热

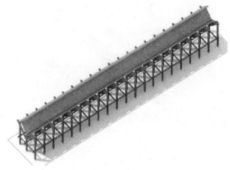

步骤八：埋弧焊接

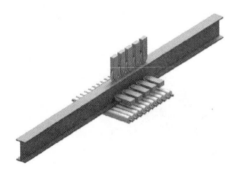

步骤九：焊后翼缘角变形矫正

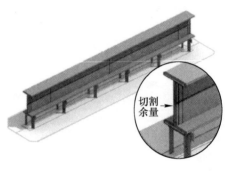

切割余量

步骤十：检查余量切除

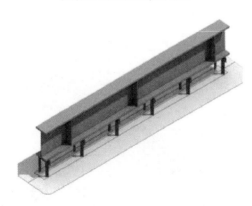

步骤十一：加劲肋或连接板安装

步骤十二：螺栓孔打眼

图 7-45　加工工艺展示

图 7-46 构件标尺

图 7-47 直条火焰切割

表 7-4 样板（样杆）的允许偏差

项　　目	允许偏差
平行线距离和分段尺寸	±0.5mm
样板长度	±0.5mm
样板宽度	±0.5mm
样板对角线差	1.0mm
样杆长度	±1.0mm
样板的角度	±20′

表 7-5 气割的允许偏差

项　　目	允许偏差
零件宽度、长度	±3.0mm
切割面平面度	$0.05t$，且不应大于 2.0mm
割纹深度	0.3mm
局部缺口深度	1.0mm

表 7-6 下料的允许偏差

项　　目	允许偏差
零件外形尺寸	±1.0mm
孔距	±0.5mm

表 7-7　机械剪切的允许偏差

项　　目	允许偏差
零件宽度、长度	±3.0mm
边缘缺棱	1.0mm
型钢端部垂直度	2.0mm

（2）特别注意：切割后采用打磨机对切割面进行打磨，划出反变形压制位置线。腹板的下料切割和坡口开制精度是 H 型钢组装质量的保证，由于腹板与翼缘板之间的焊缝为全熔透焊缝，为防止由于组装间隙过大而造成的焊接收缩变形，腹板切割下料后采用刨边机对腹板两侧进行刨边加工，保证腹板的宽度和直线度，然后再进行开制坡口，从而可保证与翼缘板组装时紧贴，提高组装精度和焊接质量。

　　b　开坡口

坡口主要是为满足焊缝焊接而设置的，形式主要分为：单 V、K 型、双 V 等形式。开设坡口首先需按照设计要求结合相关规范的规定，对坡口的开设角度、留根尺寸等制定严格的工艺文件，防止坡口开设过大或过小影响焊接质量或增大焊接变形。开坡口厚板主要采用自动或半自动火焰开设（见图 7-48），薄板可采取机械铣工方式开设。坡口效果和开设原则见图 7-49 和图 7-50。

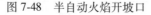

图 7-48　半自动火焰开坡口　　　　　　　　　　图 7-49　坡口效果

　　c　翼缘反变形加工

零件切割完成后，根据前期加工工艺对钢板进行二次矫平，然后在油压机上进行翼缘反变形加工（见图 7-51）。反变形加工采用大型油压机和专用成型压模进行压制成型（见图 7-52），使翼缘板经过焊接后达到正好抵消的目的，减少矫正工作量，同时根据焊接试验的焊接变形角度制作加工成型检测样板（见图 7-53）。

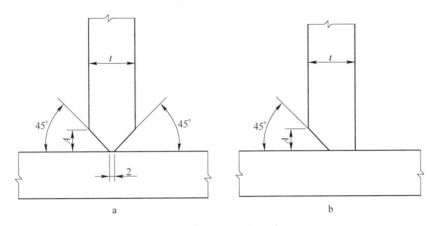

图 7-50 坡口开设原则

a—全熔透焊缝；b—局部熔透焊缝

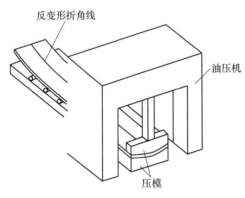

图 7-51 反变形工作原理

图 7-52 反变形模具

图 7-53 反变形压板

d　H 型钢梁组装

（1）组装：H 型杆件的翼板和腹板下料后应标出翼缘板宽度中心线和与腹板组装的定位线，并以此为基准进行 H 型杆件的拼装（见图 7-54）。H 型杆件组装在 H 型钢自动组装生产线上进行自动组装，构件组装时应确认零件厚度和外形尺寸已经检验合格，已无切割毛刺和缺口，并应核对零件编号、方向和尺寸无误后才可进行组装。检查指标为完成对零件或部件的互检过程。

（2）组装注意事项：构件在组装时必须清除被焊部位及坡口两侧 50mm 的黄锈、熔渣、油漆和水分等，并应使用磨光机对待焊部位打磨至呈现金属光泽。钢板组装接触面间隙<2mm。

（3）定位焊接：定位焊接采用 CO_2 气体保护焊，焊接长度 80mm 间隔 300mm 焊一次。

H 型钢必须在接头两端设置引弧板和熄弧板（见图 7-55），其坡口形式应与被焊焊缝相近，焊缝引出长度应大于 60mm，引弧板和熄弧板的宽度应大于 100mm，长度应大于 150mm，厚度不小于 10mm。

图 7-54　定位焊接

图 7-55　引弧板、熄弧板安装

（4）H 型钢焊接：

1）焊接顺序：焊接顺序采取先焊大坡口后焊小坡口面的焊接顺序，由于钢板厚度较厚，在焊接过程中应使焊接尽量对称，通过不断的翻身焊接来控制焊接变形（见图 7-56），并且在焊接过程中随时观测焊接变形方向，通过调整焊接顺序来控制焊接变形。

2）焊接预热：预热要求在上下两端同时对称进行加热，加热采用陶瓷电加热器进行，电加热板应贴在翼缘板上进行加热，以获得均匀的加热温度，预热温度严格按焊接工艺要求确定，并随时用测温笔检测加热温度（见图 7-57）。

3）打底焊接：焊接 H 型钢的四条主角焊缝是在专用 H 型钢生产线上进行的，采用龙门式自动埋弧焊机在船形焊接位置进行焊接。厚板焊接前先用气体保

图 7-56 反变形处理

图 7-57 电磁加热处理

护焊进行打底，打底时从中部向两边采用分段退焊法进行焊接，至少打 2~3 遍底。每遍 3~4mm 厚（见图 7-58）。

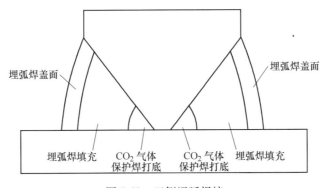

图 7-58 双侧埋弧焊接

4）填充焊：在厚板焊接过程中，坚持的一个重要的工艺原则是多层多道焊（见图7-59），严禁摆宽道焊接。多层多道焊可有效地改善焊接过程中应力分布状态，有利于保证焊接质量。填充焊每层5~7mm。照面焊缝高于构件 3mm，宽于焊道2mm。

5）焊接检查及偏差要求。

焊接检查及偏差要求见表7-8。

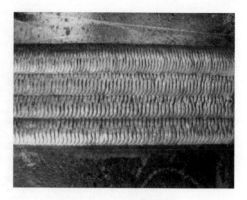

图 7-59　多层多道焊

表 7-8　焊接检查及偏差要求　　　　　　　（mm）

项　　目	允许偏差
组合 BH 的外形	$-2.0 \leqslant \Delta b \leqslant +2.0$
	$-2.0 \leqslant \Delta h \leqslant +2.0$
BH 钢腹板偏移 e	$\leqslant 2$
BH 钢翼板的角变形	连接处：$e \leqslant b/100$ 且 $\leqslant 1$
	非连接：$e \leqslant 2b/100$ 且 $\leqslant 2$
腹板的弯曲	$e_1 \leqslant H/150$ 且 $e_1 \leqslant 4$
	$e_2 \leqslant B/150$ 且 $e_2 \leqslant 4$

（5）H 型钢梁预起拱：根据设计文件及相关国家规范的规定，跨度较大的钢梁必须在工厂制作预拱度（见图7-60）。

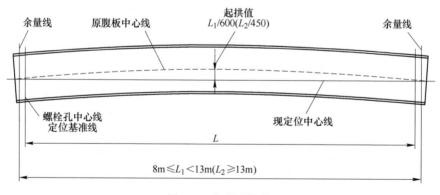

图 7-60　钢梁预起拱

预拱度的主要制造方案如下：

1）拼接 H 型钢梁面板厚度<30mm 、腹板厚度<25mm 且截面高度<700mm，则放样、下料时按平直钢梁进行加工，待 H 型钢成型后进行预拱度的加工。

2）拼接 H 型钢梁面板板厚 ≥ 30mm、腹板厚度 ≥ 25mm 或截面高度

≥700mm，则钢梁腹板需采用数控排版、切割将其拱度制作出来。

3）起拱允许偏差为起拱值的 0~10%，且不应大于 10mm。

（6）加劲肋及连接耳板安装：加劲肋和次梁的连接板划线时，应考虑加放适当的焊接收缩余量，余量按加劲肋的数量定，以防止加劲肋和连接板焊接后产生纵向收缩变形。以腹板上划出的肋板安装位置线安装加劲肋和连接板（见图 7-61），连接板安装前应先钻孔，焊接时采用 CO_2 气体保护焊进行对称焊接，焊后进行局部矫正。

图 7-61　加劲肋和连接板安装

（7）钻螺栓孔：H 型钢梁的钻孔采用数控钻床进行钻孔，根据三维数控钻床的加工范围，优先采用三维数控钻床制孔，对于截面超大的杆件，则采用数控龙门钻床进行钻孔。钻孔后，应去除孔边的毛刺以及有特殊要求时对螺孔进行倒角处理。对于不规则或截面太大无法采用数控机床钻孔时，应采用整体套模进行配钻，以保证高强螺栓孔群的精度。

（8）特别注意：

1）所有主要构件，除非详图注明否则一律不得随意拼接。

2）所有零件尽可能按最大长度下料，同时注意材料的利用率。图上有注明拼接时，按图施工，但拼接接头必须避开构件或开孔边缘 200mm 以上。图上没有注明拼接时，拼接位置应在内力较小处，一般可留在节间长度 1/3 附近。

3）H 型钢翼缘板拼接长度不应小于 2 倍板宽，且钢板长度最短不得小于 800mm。腹板拼接长度≥600mm。接缝与节点位置、高强螺栓连接板边缘、开孔距离必须≥200mm。翼缘板与腹板接缝需错开 200mm 以上。

7.1.3　除锈

7.1.3.1　除锈等级

钢结构在进行涂装前，必须将构件表面的毛刺、铁锈、氧化皮、油污及附着物彻底清除干净，而钢结构除锈一般分为四个等级，其对应的除锈效果如下：

（1）Sa1级，轻度喷砂除锈：表面应该没有可见污物、油脂和附着不牢的氧化皮、油漆涂层、铁锈和杂质等。

（2）Sa2级，彻底的喷砂除锈：表面应无可见油脂、污物、氧化皮、铁锈、油漆涂层和杂质，残留物应附着牢固。

（3）Sa2.5级，非常彻底的喷砂除锈：表面没有可见的油脂、氧化皮、污物、油漆涂层和杂质，残留物痕迹仅显示条纹状的轻微色斑或点状。

（4）Sa3级，喷砂除锈至钢材表面洁净：表面没有可见的油脂、污物、氧化皮、铁锈、油漆涂层和杂质，表面具有均匀的金属色泽。

7.1.3.2　构件抛丸除锈

目前钢结构领域构件除锈广泛采用抛丸除锈法（见图7-62），本节对抛丸除锈进行阐述。

a　　　　　　　　　　　　　　　　　　　　b

图7-62　抛丸除锈

a—抛丸除锈机；b—构件通过抛丸除锈机

（1）加工的构件和制品，应经验收合格后方可进行处理。

（2）除锈前应对钢构件进行边缘加工，去除毛刺、焊渣、焊接飞溅物及污垢等。

（3）除锈时，施工环境相对湿度30%~85%，钢材表面温度应高于空气露点温度5~38℃。

（4）抛丸除锈使用的砂粒必须符合质量标准和工艺要求。

（5）经除锈后的钢结构表面，应用毛刷等工具清扫，或用干净的压缩空气吹净锈尘和残余磨料，然后方可进行下道工序。

（6）钢构件除锈经验收合格后，应在3h内（车间）涂完第一道底漆。

（7）除锈合格后的钢构件如在涂底漆前已返锈，需重新除锈，才可涂底漆。

7.1.4　涂装

当抛丸除锈完成后，清除金属涂层表面的灰尘等杂物。构件运转至油漆涂装房进行涂装。

7.1.4.1　涂装技术要求

对构件暂不喷漆表面用胶带纸保护。焊接前以下部位不得涂装：

（1）如钢板厚度小于 50mm，现场焊缝两侧各 50mm 范围内。

（2）如厚度为 50~90mm，两侧各 70mm 范围内。

（3）如厚度大于 90mm，两侧各 100mm 范围内。

（4）现场焊接后再按规范要求进行涂装。

（5）图纸上规定的表面不涂刷油漆部分。

（6）高强螺栓摩擦面。

7.1.4.2　涂装工艺

涂装的工艺过程为：抛丸除锈→表面清灰→底漆涂装→中间漆涂装。

7.1.4.3　涂装材料

目前较为常见的涂装材料有：底涂环氧铁红漆；中间涂环氧富锌中间漆；防火涂料代替面漆。

7.1.4.4　涂装方法

采用高压无气自动喷涂机喷涂（见图 7-63），施工前按产品要求将涂料加入进料斗，按涂料厚度调整喷涂机参数，开动喷涂机进行自动喷涂。对于构件的边棱等不易喷涂的部位采用刷涂施工。

图 7-63　油漆喷涂

7.1.4.5　涂装注意事项

（1）防腐涂料出厂时应提供符合国家标准的检验报告，并附有品种名称、型号、技术性能、制造批号、贮存日期、使用说明书及产品合格证。

（2）进场的油漆应进行取样试验，合格后方可使用（见图7-64）。

（3）施工应备有各种计量器具、配料桶、搅拌器，按不同材料说明书中的使用方法进行分别配制，充分搅拌。

（4）双组分的防腐涂料应严格按比例配制，搅拌后进行熟化后方可使用。

（5）施工采用喷涂的方法进行。

（6）施工人员应经过专业培训和实际施工培训，并持证上岗。

（7）喷涂防腐材料应按顺序进行，先喷底漆，使底层完全干燥后方可进行中间漆的喷涂施工，做到每道工序严格受控。

（8）施工完的涂层应表面光滑、轮廓清晰、色泽均匀一致、无脱层、不空鼓、无流挂、无针孔，膜层厚度应达到技术指标规定要求。

（9）涂装施工单位应对整个涂装过程做好施工记录，油漆供应商应派遣有资质的技术服务工程师做好施工检查，并提交检查报告和完工报告。

（10）地下劲性部分不进行油漆喷涂，地上裸露部分进行油漆喷涂。

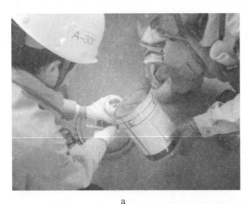
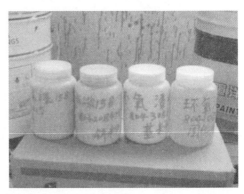

a　　　　　　　　　　　　　　　　　　b

图 7-64　油漆取样试验

a—油漆取样；b—唯一性标识

7.1.5　信息化追踪

为方便构件运输管理和现场材料的区分，对构件采取信息化追踪。目前主要方法有以下两种：

（1）运输清单：罗列构件运输清单和交付清单，并在构件上做好构件材质、规格尺寸、使用部位等信息。

（2）二维码：将构件相关信息输入电脑软件，生成二维码，张贴于构件易于观察位置（见图7-65）。

图7-65 二维码技术应用

7.1.6 构件运输

构件运输主要根据路程远近、构件规格尺寸、道路状况、工期要求等选择运输方式。目前常规运输方式为汽运（见图7-66）。

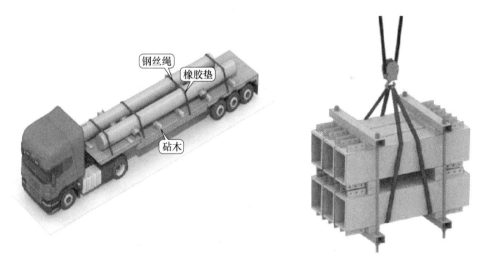

图7-66 汽车运输与装卸构件

7.1.6.1 构件运输流程

构件运输流程如图7-67所示。

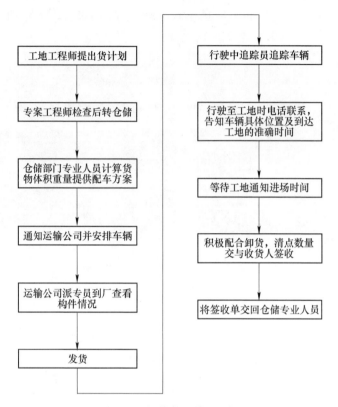

图 7-67　钢构件运输流程图

7.1.6.2　构件运输形式

根据构件样式不同，打包运输的方式也不同，目前对大型主体构件一般裸体捆绑运输；螺栓、钢棒、铸钢件、销轴等小型构件一般装箱运输（见图 7-68）。

7.1.6.3　运输注意事项

（1）为确保安全，运输司机必须至少两人。

（2）提前熟悉路线并掌握沿途高架桥、隧道等的限宽和限高。

（3）构件单重大于 10t 时，应在构件顶面、两侧面上用 40mm 宽的线，画 150mm 长的"十"字标记，代表重心点。在构件侧面上标起吊位置及标记。

（4）由于超宽车辆有时需占用两个车道，因此，进城时间安排在凌晨 2：00～5：00，到达交货地点后，及时报验和卸车，运输车辆尽快离开现场。

（5）构件单根重量≥2t 或杆件单重<2t 且为不规则构件，采用单件裸装运输。

（6）构件装车时下部垫枕木，捆绑钢丝绳和构件接触部位垫胶垫，防止构件和油漆损坏。

a

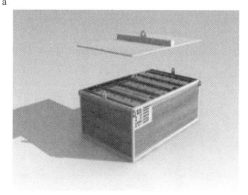

b

图 7-68　构件打包运输

a—主体构件的运输包装方式；b—零件板打包运输包装

7.2　地下劲性钢结构安装

钢结构的安装施工是综合性强、多工种集合协调的分项施工。钢结构安装不仅要有科学合理的安装方案、熟练的操作工人、安全可靠的吊装机械、充足的安装材料，还要有良好的现场环境。随着建筑领域科技引领的进步，本项目全程采用了 BIM 施工场地规划模拟、钢结构 Tekla 建模施工推演和 Midass 、Sap2000 有限元受力分析，为钢结构现场安装的安全、质量、进度、文明管理保驾护航。

7.2.1　劲性钢柱安装

7.2.1.1　吊装场地规划

钢柱安装前结合 BIM 模拟手段首先对场地做好规划（图 7-69），明确材料码放于最佳吊装位置，选择安全、顺畅的吊车行走路线和科学合理的吊装施工顺序（图 7-70）。

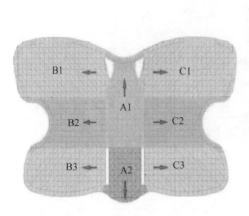

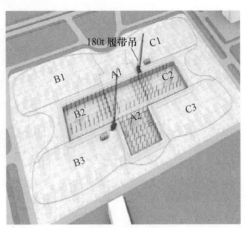

图 7-69 施工区域划分   图 7-70 吊装顺序模拟

7.2.1.2 吊装机械选择

　　吊装机械是根据被吊构件的形状、重量和吊距选择的，既能保证构件安全起吊，也能避免被复杂的造型干扰吊车的操作，且能一次性就位。吊车选择有三大原则：首先，设备性能完好，可靠安全；第二，根据方案要求，能安全地吊起构件自由回转；第三，回转半径能满足构件安装点距起吊点的距离。目前工程中使用的吊车基本有 25t 汽车吊（图 7-71）、50t 汽车吊（图 7-72）、75t 汽车吊、130t 汽车吊、180t 汽车吊和 75t 履带吊。25t、50t 汽车吊性能参数见表 7-9、表 7-10。

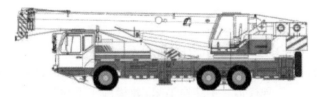

图 7-71 QY25t 汽车吊

图 7-72 QY50t 汽车吊

表 7-9 **QY25t 汽车吊性能参数**

工作幅度/m	主臂/m					
	支腿全伸，侧方、后方作业					
	10.5	14.9	19.5	24.1	28.7	33.3
	吊起重物的最大限度/kg					
3.0	25000	17000				
3.5	25000	17000	16000			
4.0	24000	17000	16000			
4.5	22000	17000	16000	11000		
5.0	20000	17000	16000	10800		
5.5	17900	17000	15200	10500	8000	
6.0	16300	16500	14200	10200	8000	
6.5	14900	15200	13200	9800	8000	
7.0	13300	13700	12300	9300	8000	7000
7.5	11900	12300	11600	9000	8000	7000
8.0	10500	11000	11000	8500	7400	6500
9.0	8500	9000	9300	7800	6800	6000
10.0		7500	7800	7200	6300	5500
11.0		6300	6600	6550	5800	5000
12.0		5300	5600	5700	5400	4600
13.0			4800	4950	5000	4200
14.0			4100	4300	4450	4000
15.0			3600	3750	3900	3900
16.0			3100	3300	3400	3500
18.0				2600	2700	2800
20.0				2000	2100	2200
22.0				1650	1700	1800
24.0					1300	1400
26.0					1000	1100
28.0						850

表 7-10　QY50t 汽车吊性能参数

工作幅度/m	主臂/m							主臂仰角/(°)	主臂+副臂/m			
	伸油缸 I 至 100%，支腿全伸，侧方、后方作业								42+9.6		42+16	
	11.1	15.0	18.8	24.6	30.4	36.2	42.0		0°	30°	0°	30°
	吊起重物的最大限度/kg								吊起重物的最大限度/kg			
3.0	50000	40000					.	80	4500	2150	2800	1000
3.5	50000	40000	33200					78	4500	2100	2600	1000
4.0	44500	40000	33200	24000				76	4200	2000	2300	1000
4.5	40000	37500	31300	24000				74	3800	1950	2150	1000
5.0	36000	34500	29300	22600				72	3500	1900	1900	1000
5.5	32500	31500	27500	21200	16600			70	3200	1850	1750	950
6.0	31000	30000	25700	20000	16600			68	3000	1800	1650	950
6.5	27800	27000	24200	19000	15800	13000		66	2700	1750	1550	900
7.0	26000	25500	23000	18300	15200	13000		64	2400	1700	1450	850
7.5	22500	21900	21500	17400	14300	12500		62	2100	1650	1350	800
8.0	20300	19700	19400	16600	13800	12000		60	1800	1500	1250	750
9.0	15800	15500	15500	15200	12600	11200	9000	58	1500	1200	1100	700
10.0		12500	12500	13700	11400	10200	9000	56	1200	1000	900	600
11.0		9900	9900	11000	10800	9400	8500	54	1000	850	750	
12.0		8300	8300	9500	9900	8900	8000	52	800	550		
14.0			5800	6800	7450	7900	6800					
16.0			4000	5000	5650	6100	6000					
18.0				3750	4350	4800	5000					
20.0				2800	3350	3700	4000					
22.0				2000	2550	2950	3200					
24.0					1900	2300	2600					
26.0					1400	1800	2050					
28.0					950	1350	1600					
30.0						950	1200					
32.0							900					
I	0	3.9	7.7	7.7	7.7	7.7	7.7					
II	0	0	0	5.8	11.6	17.4	23.2					
倍率	12	8	8	6	4	4	3		1			
吊钩	50t 吊钩								4.5t 吊钩			

7.2.1.3　钢丝绳选择

钢结构吊装钢丝绳承载是吊装安全的重要保证，在吊装中必须严格计算，选择可靠安全的钢丝绳，严禁使用跳死、断丝、脱口等破损钢丝绳，以本工程为例举例说明。

取最重钢柱约 7.4t，选用两点起吊，钢柱截面 $\phi1100\text{mm}\times25\text{mm}$，钢丝绳下端宽度 1280mm，钢丝绳选 3m 长。采用两根钢丝绳，钢丝绳与水平面夹角 78°，钢丝绳吊索实际拉力 S 为：74kN÷2÷sin78°＝37.82kN。

使用 $\phi24\text{mm}$、$6\times37+1$ 钢丝绳（公称抗拉强度为 1670MPa，破断拉力为 283kN）的安全系数 K 为：283×0.82÷37.82＝6.14 倍，安全！

7.2.1.4　安装流程

劲性钢柱安装流程如图 7-73 所示，安装步骤如图 7-74 所示。

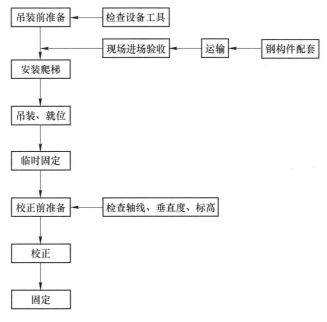

图 7-73　劲性钢柱安装流程

7.2.1.5　测量放线

（1）在平面控制网的基础上结合图纸尺寸，采用直角坐标法放出每个钢柱基础的纵横轴线（见图 7-75）。

（2）将所测轴线弹墨线后，量距复核相邻柱间尺寸。

步骤一:钢柱起吊

步骤二:对准螺栓缓慢落钩

步骤三:钢柱就位拉设缆风绳

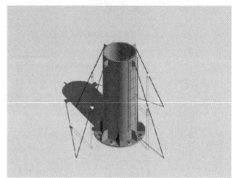
步骤四:钢柱矫正紧固螺栓

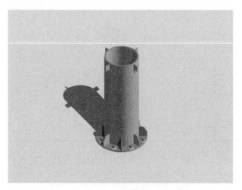
步骤五:钢柱安装完成拉设缆风绳

图 7-74　劲性钢柱安装步骤

（3）轴线复核无误后，作为首节钢柱吊装就位时的对中依据。

（4）用水准仪从高程控制点引测标高，采用调节螺母调整柱底板就位标高满足设计要求（见图 7-76）。

图 7-75　柱脚轴线测设示意图

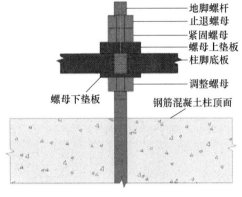

图 7-76　螺栓标高调节

7.2.1.6　吊装准备

（1）按照钢柱安装就近位置码放钢柱，下部垫木方离地 20cm。

（2）吊装前，清理钢柱上的浮土、油污，用水将钢柱清洗干净。

（3）吊装前对构件的中线、轴线、长度、坡口、几何尺寸等标记进行检查，无误后方可吊装。

（4）提前安装钢柱的操作平台、钢爬梯和防坠器等以备安装时用。

（5）缆风绳、溜绳在钢柱起吊前绑扎到位。

7.2.1.7　钢柱吊装

（1）起吊：吊点位于钢柱顶连接耳板上，然后起吊。根据构件的单重及连接板形式选择合适的卡扣，钢柱吊装由起重工绑钩并负责指挥吊装。起吊柱子时，边起钩边回转使柱子竖直起来，使柱底板离地面保持 40~60cm，缓慢回转吊臂并落到安装位置上方（见图 7-77）。地下室钢柱吊重分析：选用 180t 履带吊，60m 主臂工况；48m 作业半径时，额定起重能力为 8.2t>2.5t；由上分析可知：满足要求。

（2）钢柱就位：钢柱回旋到位后，两侧中心线与埋件中心线吻合，四面兼顾，并拧紧地脚螺栓螺母，必要时采用缆风绳进行加固，防止倾倒。

7.2.1.8　钢柱矫正

钢柱安装完毕需对钢柱进行垂直度与轴线偏差校正，校正完毕开始土建混凝土柱箍筋绑扎。

（1）校正内容：标高、垂直度、坐标轴线偏差。

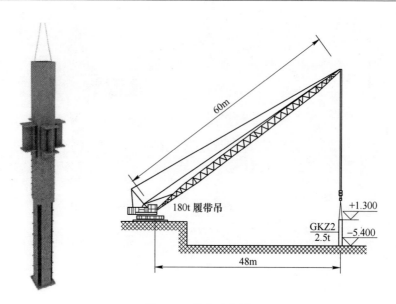

图 7-77　吊装示意图

（2）柱标高调整：钢柱的标高依靠螺杆的调节螺母上下拧转进行调整（参见图 7-76）。

（3）垂直度调整：校正时，用两台经纬仪从两相互垂直的方向测量，钢柱的垂直度误差控制在 $H‰$ 内（H 为柱净高）（见图 7-78）。

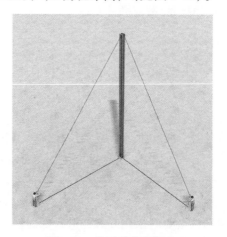

图 7-78　柱子垂直度调整

（4）坐标轴线偏差调整：首先在钢柱顶画十字线，将小棱镜放在柱顶十字线上，通过全站仪调整柱子坐标轴线。若轴线有偏差，可通过千斤顶对不同侧柱底板施力回顶进行调整（见图 7-79）。

a   b

图 7-79 钢柱矫正

a—钢柱矫正示意图；b—钢柱矫正实例

7.2.1.9 钢柱固定

对校正完成钢柱进行复测，满足规范要求后围焊柱脚垫板，点焊螺杆丝扣（见图 7-80）。

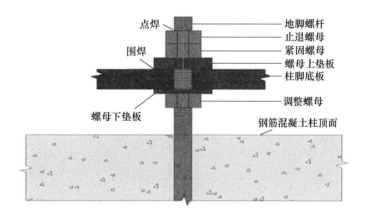

图 7-80 钢柱固定焊接

7.2.1.10 安装注意事项

（1）地下室钢柱安装前对钢柱标高与轴线进行复验并记录。

（2）安装前，应对钢柱的长度、断面、翘曲等进行预检，发现问题立即停止并分析具体原因，以便及时采取措施。

（3）钢柱顶端设置临时连接耳板，作为吊装以及与上节柱临时连接使用；当钢柱对接（焊接）完成且验收合格后，再将耳板割除。

（4）一般钢柱采用两点吊装，吊装采用旋转回直法，严禁根部拖柱；吊点位置设置在柱顶。

（5）钢柱安装就位后，先调整标高，再调整位移，最后调整垂直偏差，重复上述步骤，直到符合要求。调整柱垂直度的缆风绳，应在柱起吊前在地面绑扎好。拆除柱顶索具时上下操作应采用角钢或圆钢爬梯，并挂好防坠器。

（6）钢柱提升就位后，利用缆风绳进行临时加固。钢柱就位以后操作人员通过钢爬梯上至钢柱顶端进行摘钩，摘钩人员安全带应挂在钢柱耳板之上，不允许将安全带直接挂在吊钩上。吊装过程中，要严禁钢柱根部拖地，不得歪拉斜吊。

（7）钢柱柱脚螺栓垫板孔>螺栓直径 1.5mm，螺栓孔中心距垫板边缘≥2d（d 为螺栓孔径）。

（8）螺栓垫板焊接时采用 CO_2 气体保护焊，焊丝 1.2mm。焊接风速<2m/s，空气湿度<90%。

7.2.2　劲性钢梁安装

7.2.2.1　钢梁安装流程

钢梁安装流程如图 7-81 所示。

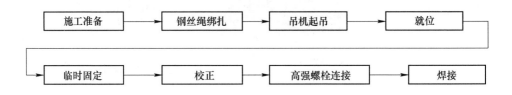

图 7-81　钢梁安装流程

7.2.2.2　钢梁安装准备工作

（1）吊装前仔细复核钢梁编号，清理钢梁表面污物；对产生浮锈的连接板和摩擦面进行除锈处理。

（2）待吊装的钢梁应装配好附带的连接板，并用工具包装好螺栓。

（3）吊装前对构件的中线、轴线、长度、坡口等几何尺寸标记进行检查，无误后方可吊装。

（4）主梁与钢柱连接、主次梁连接以及悬挑梁连接等作业施工都处在半空中进行，为保障施工人员的作业安全，需采用吊篮进行施工辅助。

（5）溜绳在钢梁起吊前绑扎到位。

7.2.2.3 钢梁安装

A 绑扎控制溜绳

先在钢梁两端拴棕绳作溜绳。这样有利于保持钢梁空中平衡，以提高安装效率。

B 试吊观察

钢梁的吊装钢丝绳绑好后，先在地面试吊，离地 5cm 左右，观察其是否水平、歪斜。如果不合格应落地重新调整吊索长度。对较长的构件，应事先计算好吊点位置，经试吊平衡后方可正式起吊（见图 7-82）。

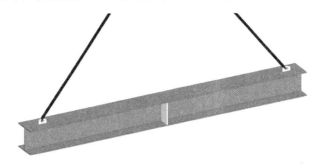

图 7-82　钢梁吊装示意图

C 主梁吊装就位

将钢梁落到接近安装部位，起重工方可伸手去触及梁，并用带圆头的撬棍穿眼、对位，先用普通的安装螺栓进行临时固定，安装螺栓数量按规范要求不得少于该节点螺栓总数的 30%，且不得少于 2 个。安装步骤如图 7-83 所示。

D 次梁安装

次梁安装方式同主梁，但特别注意次梁安装高强螺栓时，必须用过眼样冲将高强螺栓孔调整到最佳位置，而后穿入高强螺栓，不得将高强螺栓强行打入，以防损坏高强螺栓，影响结构安装质量（见图 7-84）。

E 钢梁矫正

钢梁的轴线控制：吊装前每根钢梁标出钢梁中线，钢梁就位时确保钢梁中心线对齐连接牛腿的轴线。

调整好钢梁的轴线及标高后，用高强螺栓换掉用来进行临时固定的安装螺栓。一个梁接头上的高强螺栓应从螺栓群中部开始安装，逐个拧紧。初拧、复拧、终拧都应从螺栓群中部向四周扩展逐个拧紧。

F 特别注意

（1）钢梁安装前应对连接牛腿位置的标高与轴线进行复验并记录。

第一步：安装临时螺栓

第二步：由中间向两侧更换正式螺栓

第三步：由内向外终拧高强螺栓

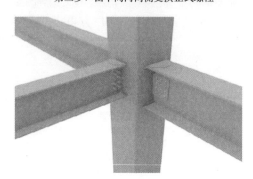
第四步：安装完成

图 7-83　主梁吊装就位安装步骤

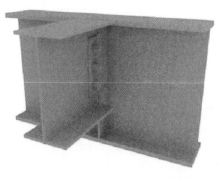

图 7-84　次梁安装

（2）安装前，应对钢梁的长度、断面、翘曲等进行预检，发现问题立即停止安装并研究分析原因，以便及时采取措施。

（3）安装前，应在地面上将挂笼安装在钢梁上，供摘钩、安装螺栓作业用。

（4）钢梁应在连接位置设置挡板，作为就位、调整措施；当钢梁对接（焊接或栓接）完成且验收合格后，再将耳板割除。

（5）一般钢梁采用两点吊装，吊点位置根据钢梁大小和形状具体确定。

（6）钢梁安装就位后，调整标高，对接口尺寸直到符合要求。

（7）高强螺栓紧固必须分两次进行，第一次为初拧，初拧紧固到螺栓终拧轴力值的 50%~80%。第二次为终拧，终拧紧固到标准预拉力，偏差不大于 ±10%，扭剪型高强螺栓采用专用的电动扳手进行终拧，梅花头拧掉即标志着终拧结束。个别不能用专用扳手操作时，扭剪型高强螺栓应按大六角头高强螺栓用扭矩法施工。终拧结束后，检查漏拧、欠拧宜用 0.3~0.5kg 重的小锤逐个敲检，如发现有欠拧、漏拧应补拧；超拧应更换。检查时应将螺母回退 30°~50°，再拧至原位，测定终拧扭矩值，其偏差不得大于 ±10%，已终拧合格的做出标记，以免混淆。

（8）如高强螺栓与腹板间间隙在 1mm 以内不作处理；1~3mm 时将高出的一侧磨成 1:10 的缓度，使间隙小于 1.0mm；3mm 以上时应加设垫板。

（9）高强螺栓安装检查在终拧 1h 以后、24h 之前完成。

（10）钢梁安装时平面上按照先主梁后次梁的施工顺序，安装完成后进行整体校正，按照先焊主梁后焊次梁的顺序进行焊接。

（11）钢梁现场焊接采用 CO_2 气体保护焊，焊接采用 1.2mm 直径焊丝，风速不大于 2m/s，现场做好防风处理；CO_2 气体纯度>95%，空气湿度<90%。

（12）焊接钢梁时要预先清根，避免锈蚀、夹杂情况下焊接，焊接坡口下方垫 6mm 垫板，翼缘板两侧各焊接 25mm 长引弧板、熄弧板。

（13）焊接完成 24h 后进行探伤试验，一级焊缝 100% 试验，二级焊缝 20% 抽检。

8 地上钢柱钢梁结构

8.1 地上钢梁加工

因本结构地上钢柱主要为圆形钢柱与箱形钢柱，且尺寸规格同地下劲性钢柱结构，其加工方法及各质量要点均与地下劲性结构相同，在本部分就不再阐述地上钢柱加工的相关内容，如读者有疑问之处可参考本书7.1节地下劲性钢结构加工。本部分主要针对地上层间H型连系梁的加工制作及质量管控要点详细描述。

8.1.1 H型钢梁加工流程

H型钢梁加工流程如图8-1所示。

8.1.2 深化加工流程

8.1.2.1 TEKLA深化设计

根据设计图纸，采用TEKLA软件对H型钢梁进行建模深化设计，并形成深化设计详图（见图8-2），将详图报送原设计，经设计师同意确认后，将深化图纸下发给加工车间，开始进行构件加工。

8.1.2.2 TEKLA模拟加工流程

TEKLA模拟加工流程如图8-3所示。

8.1.3 H型钢梁加工

8.1.3.1 下料

下料前要完成钢板原材的见证取样和复试送检，合格后方可使用该原材料。

下料前，下料人员应熟悉下料图所注的各种符号及标记等要求，核对材料牌号及规格、炉批号。当供料或有关部门未作出材料配割（排料）计划时，下料人员应作出材料切割计划，合理排料，节约钢材。钢板号料见图8-4。下料工作应严格按照施工放样图及工艺文件执行。号料时，针对本工程的使用材料特点，我们将复核所使用材料的规格，检查材料外观质量，制订测量表格加以记录。凡

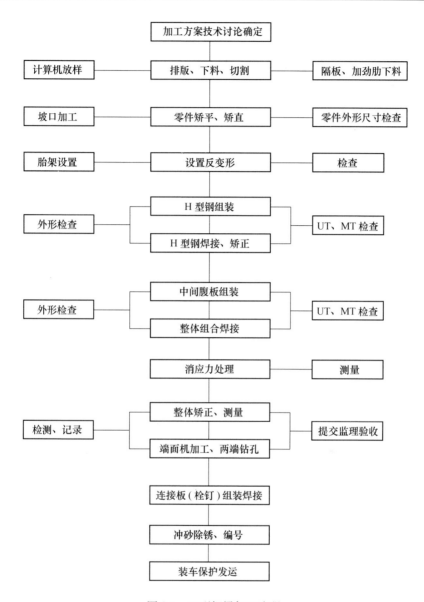

图 8-1 H 型钢梁加工流程

发现材料规格不符合要求或材质外观不符合要求者，须及时报质管、技术部门处理；遇有材料弯曲或不平值超差影响号料质量者，须经矫正后号料，对于超标的材料退回生产厂家。根据锯、割等不同切割要求和对刨、铣加工的零件，预放不同的切割及加工余量和焊接收缩量。样板（样杆）和下料允许偏差见表 8-1 和表 8-2。

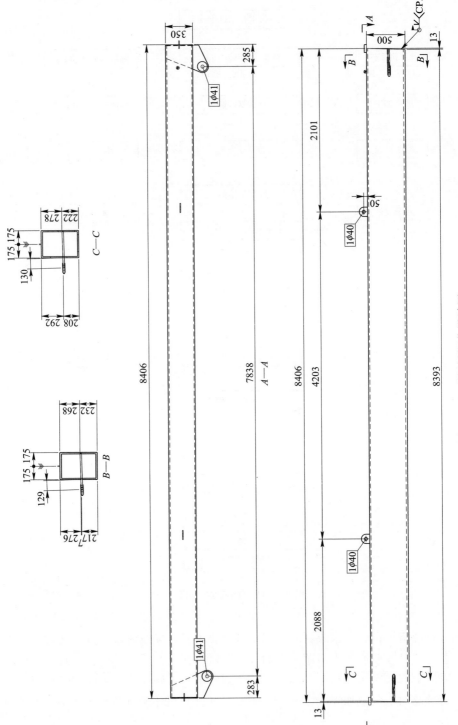

图 8-2 H 型钢梁深化设计图

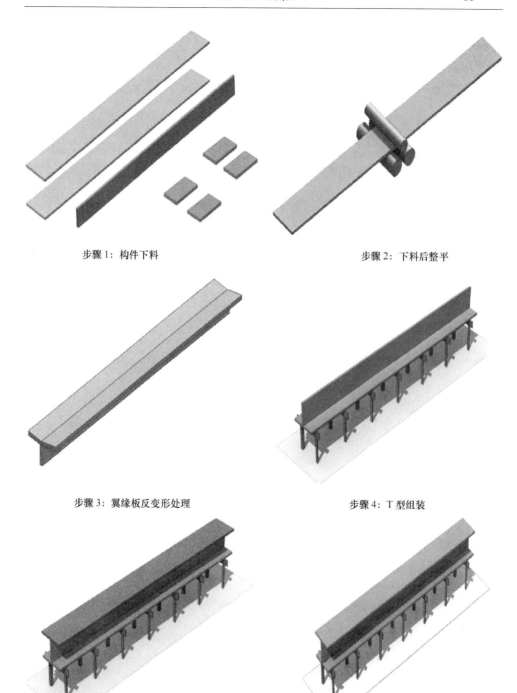

步骤1：构件下料

步骤2：下料后整平

步骤3：翼缘板反变形处理

步骤4：T型组装

步骤5：H型组装

步骤6：定位焊接

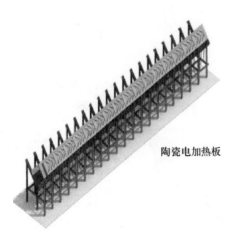

陶瓷电加热板

步骤 7：焊前预热（冬季）

步骤 8：埋弧焊接

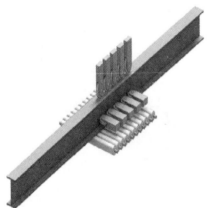

步骤 9：焊后翼缘变形矫正

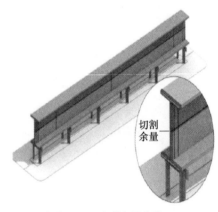

切割余量

步骤 10：UT 探伤切除余量

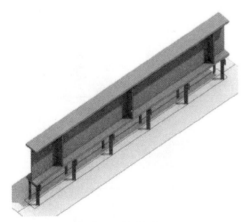

步骤 11：加劲肋焊接

步骤 12：两端钻螺栓孔

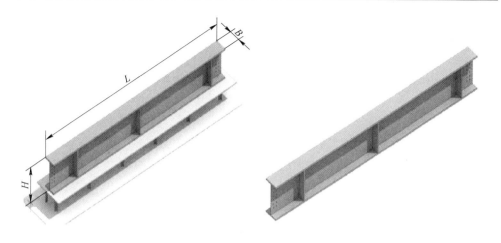

步骤 13：检查规格尺寸   步骤 14：抛丸除锈喷涂

图 8-3　TEKLA 模拟加工流程

图 8-4　钢板号料

表 8-1　样板（样杆）的允许偏差

项　　目	允许偏差
平行线距离和分段尺寸	±0.5mm
样板长度	±0.5mm
样板宽度	±0.5mm
样板对角线差	1.0mm
样杆长度	±1.0mm
样板的角度	±20′

表 8-2　下料允许偏差　　　　　　　　　　（mm）

项　目	允　许　偏　差
零件外形尺寸	±1.0
孔距	±0.5

8.1.3.2　切割

根据工程结构要求，构件的切割应首先采用数控、等离子、自动或半自动气割，以保证切割精度。切割前必须检查核对材料规格、牌号是否符合图纸要求。

本工程 H 型钢翼缘板的切割采用精密数控切割机进行（见图 8-5），切口截面不得有撕裂、裂纹、棱边、夹渣、分层等缺陷和大于 1mm 的缺棱并应去除毛刺。切割后采用打磨机对切割面进行打磨，划出反变形压制位置线。腹板的下料切割和坡口开制精度是 H 型钢组装质量的保证。由于腹板与翼缘板之间的焊缝为全熔透焊缝，为防止由于组装间隙过大而造成的焊接收缩变形，腹板切割下料后采用刨边机对腹板两侧进行刨边加工，保证腹板的宽度和直线度，然后再进行开制坡口，从而可实现与翼缘板组装时保证紧贴，提高组装精度和保证焊接质量。气割和机械剪切的允许偏差见表 8-3 和表 8-4。

图 8-5　钢板火焰切割

表 8-3　气割的允许偏差　　　　　　　　　　（mm）

项　目	允　许　偏　差
零件宽度、长度	±3.0
切割面平面度	0.05t 且不应大于 2.0
割纹深度	0.3
局部缺口深度	1.0

表 8-4 机械剪切的允许偏差 （mm）

项　目	允　许　偏　差
零件宽度、长度	±3.0
边缘缺棱	1.0
型钢端部垂直度	2.0

8.1.3.3 坡口切割

钢板坡口切割采用半自动坡口切割机（火焰切割）（见图 8-6），坡口加工前首先按照设计要求结合相关规范的规定，对坡口的开设角度、留根尺寸等制定严格的工艺文件，防止坡口开设过大或过小影响焊接质量或增大焊接变形。一般坡口角度为 45°，平面预留 2mm（见图 8-7）。

图 8-6 火焰切割坡口

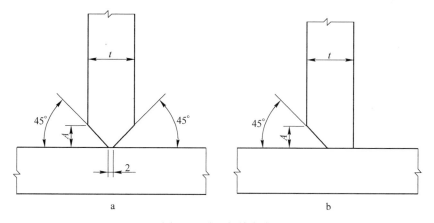

图 8-7 坡口焊接角度
a—全熔透焊缝；b—局部熔透焊缝

8.1.3.4 翼缘反变形加工

零件切割完成后，根据前期加工工艺对钢板进行二次矫平（见图 8-8），然后在油压机上进行翼缘反变形的加工（见图 8-9）。反变形加工采用大型油压机和专用成型压模进行压制成型，使翼缘板经过焊接后达到恰好抵消的目的，减少矫正工作量，同时根据焊接试验的焊接变形角度制作加工成型检测样板。

图 8-8 钢板二次矫平

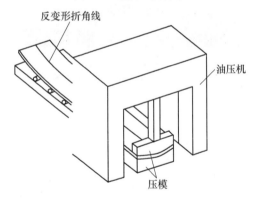

图 8-9 钢板反变形加工

8.1.3.5 H 型钢梁组装与定位焊接

A 组装

H 型构件的翼板和腹板下料后应标出翼缘板宽度中心线和与腹板组装的定位线，并以此为基准进行 H 型构件的组装（见图 8-10）。H 型构件在 H 型钢自动组装生产线上进行自动组装，构件组装时应确认零件厚度和外形尺寸已经检验合格，无切割毛刺和缺口，并应核对零件编号、方向和尺寸无误后才可进行组装。检查指标为完成对零件或部件的互检过程。

图 8-10 H 型钢梁组装

特别注意：

（1）构件在组装时必须清除被焊部位及坡口两侧 50mm 的黄锈、熔渣、油漆和水分等，并应使用磨光机将待焊部位打磨至呈现金属光泽。检查指标为待焊部位的清理质量标准。

（2）构件组装间隙应符合设计及工艺文件的要求，当设计和工艺文件无规定时，组装间隙应不大于 2.0mm。

B　定位焊接

构件组装及检测完成后，进行 H 型钢的定位点焊固定。定位焊是厚板施工过程中最容易出现问题的部位。由于厚板在定位焊时，定位焊处的温度被周围的"冷却介质"很快冷却，造成局部过大的应力集中，引起裂纹的产生，对材质造成损坏。解决的措施是厚板在定位焊时，提高预加热温度，加大定位焊缝长度和焊脚尺寸。通常定位焊接采用 CO_2 气体保护焊，焊缝长度为 80mm，间隔 300mm（见图 8-11）。

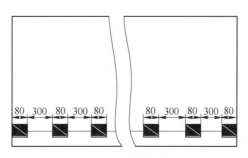

图 8-11　定位焊接间隔示意

焊接前在焊缝底部安装引熄弧板和焊接垫板。CO_2 气体保护焊引弧熄弧板长出端部焊口 2.5cm，埋弧焊接引弧熄弧板长出端部焊口 8cm；焊接垫板厚度一般为 6mm，宽度超出相邻母材焊缝间隙两侧各 10mm（一般焊缝间隙为 $t/4$ 或 5~6mm）。引熄弧板设置见图 8-12。

图 8-12　引熄弧板设置

C　H 型钢梁焊接

（1）打底焊：H 型钢四条主角焊缝的焊接在专用 H 型钢生产线上进行，采用龙门式自动埋弧焊机在船形焊接位置进行焊接（见图 8-13）。厚焊接前先用气体保护焊进行打底，打底时从中部向两边采用分段退焊法进行焊接，至少打 2~3 遍底（见图 8-14）。

图 8-13　自动埋弧焊机

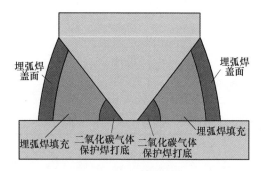

图 8-14　打底焊接示意

（2）厚板焊接：厚板焊接一般指板厚在 40mm 以上的钢板焊接，在厚板焊接过程中，坚持的一个重要的工艺原则是多层多道焊（见图 8-15），严禁摆宽道焊接。多层多道焊可有效地改善焊接过程中应力分布状态，利于保证焊接质量。

（3）焊前预热：如在冬季焊接或是厚板焊接前应先进行钢板预热，防止焊

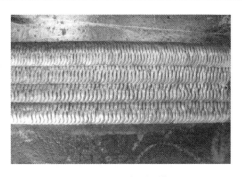

图 8-15 厚板焊接

接前后温差太大产生焊缝延迟裂纹。预热要求在上下两端同时对称进行加热，加热采用陶瓷电加热器进行，电加热板应贴在翼缘板上进行加热，以获得均匀的加热温度。预热温度严格按焊接工艺要求确定，并随时用测温笔检测加热温度。

（4）焊后监测：焊后完全冷却后进行焊缝的超声波检测，然后将 H 型钢放在专用的检测平台上进行检测和矫正。焊接 H 型钢焊后公差如表 8-5 所示。

表 8-5　焊接 H 型钢焊后公差　　　　　　　　　　　　（mm）

项　目	允　许　偏　差
组合 BH 的外形	$-2.0 \leqslant \Delta b \leqslant +2.0$ $-2.0 \leqslant \Delta h \leqslant +2.0$
BH 钢腹板偏移 e	$e \leqslant 2$
BH 钢翼板的角变形	连接处：$e \leqslant b/100$ 且 $\leqslant 1$ 非连接处：$e \leqslant 2b/100$ 且 $\leqslant 2$
腹板的弯曲	$e_1 \leqslant H/150$ 且 $e_1 \leqslant 4$ $e_2 \leqslant B/150$ 且 $e_2 \leqslant 4$

D　钢梁预起拱加工

根据设计文件及国家规范要求，一般跨度>8m 的钢梁应进行预起拱处理（见图 8-16）。起拱量一般为：当 $L<13m$ 时，起 $L/600$；当 $L \geqslant 13m$ 时，起 $L/450$。预起拱度的主要制造方案如下：

（1）拼接 H 型钢梁面板厚度<30mm、腹板厚度<25mm 且截面高度<700mm，则放样、下料时按平直钢梁进行加工，待 H 型钢成型后进行预拱度的加工。

（2）拼接 H 型钢梁面板板厚 ≥30mm 或腹板厚度 ≥25mm 或截面高度 ≥700mm，则钢梁腹板需采用数控排版、切割将其拱度制作出来。

冷加工工艺：采用油压机配以专用的工装设备进行，加工时将 H 型钢吊上专用加工平台徐徐进行压制，压制过程中用专用样板进行测量，最终达到所要求的拱度。

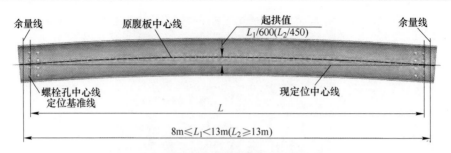

图 8-16　H 型钢梁起拱要求示意图

火焰加热：将 H 型钢的两端自然平放在支架上，而后采用烘枪对 H 型钢的面、腹板进行火焰加热，加热时根据经验选定几个加热部位，然后对各个部位采用三角形加热法集中加热，加热温度控制在 800~900℃，但不得超过 900℃，同一部位加热不得超过两次。加工过程中采用样板或拉线测量的方法观测其拱度，直至符合要求。

起拱允许偏差为起拱值的 0~10%，且不应大于 10mm。

E　余量切割

H 型钢预拱度加工完成后，放在水平胎架上，以一端为正作端，在腹板上划出加劲肋和连接板的安装位置线，同时划出腹板两端高强度螺栓孔的定位中心线和另一端的余量切割线，然后切割端部的余量（见图 8-17）。

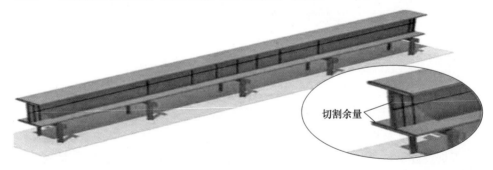

图 8-17　钢梁余量切割

F　加劲肋组装与焊接

加劲肋安装的主要部位为次结构梁与主结构梁交接节点的主梁构件上以及梁体在该部位受力集中需要加强的部位（见图 8-18）。

加劲肋和次梁的连接板划线时，应考虑加放适当的焊接收缩余量，余量按加劲肋的数量定，以防止加劲肋和连接板焊接后产生纵向收缩变形。以腹板上划出的肋板安装位置线安装加劲肋和连接板，连接板安装前应先钻孔，焊接时采用 CO_2 气体保护焊进行对称焊接，焊后进行局部矫正。加劲肋的焊接应注意焊接顺序和控制焊接变形，焊接后应进行检测，超差必须进行矫正。加劲肋和连接板的组装必须控制相对位置，同时控制焊接时的局部焊接变形（见图 8-19）。

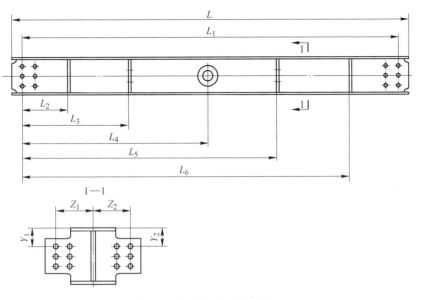

图 8-18　加劲板和连接板定位

图 8-19　加劲板和连接板焊接

G　两端钻螺栓孔

H 型杆件的钻孔采用数控钻床进行钻孔（见图 8-20），根据三维数控钻床的加工范围，优先采用三维数控钻床制孔，对于截面超大的杆件，则采用数控龙门钻床进行钻孔。钻孔后，应去除孔边的毛刺以及有特殊要求时对螺孔的倒角处理。对于不规则或截面太大无法采用数控机床钻孔时，应采用整体套模进行配钻，以保证高强螺栓孔群的精度（见表 8-6、表 8-7）。

图 8-20　铆工钻孔

表 8-6　A、B 级螺栓孔径的允许偏差　　　　　　（mm）

序号	螺栓孔直径	螺栓孔直径允许偏差
1	10~18	+0.18 0.00
2	18~30	+0.21 0.00
3	30~50	+0.25 0.00

表 8-7　C 级螺栓孔的允许偏差　　　　　　（mm）

序号	项　目	允许偏差
1	直径	+1.0 0.0
2	圆度	2.0
3	垂直度	0.03t，且不应大于 2.0

　　H　抛丸除锈涂刷

　　加工完成 H 型钢梁并经检测合格后，送入除锈车间进行抛丸除锈（见图 8-21），对带牛腿的 H 型钢在冲砂车间进行冲砂除锈，对重量较大且截面较大的构件进行手工冲砂，冲砂后送入涂装车间进行涂装并检测。冲砂应确保达到设计要求等级 Sa2.5 级或更高，除锈须彻底，并在 48h 内完成涂装（见图 8-22）。

8.1.4　H 型钢梁加工注意事项

　　（1）原材料在火焰切割前必须进行切割工艺评定，合格后方可切割。

　　（2）构件焊接前需进行焊接工艺评定，焊工具有焊接操作证且考试合格。

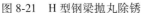

图 8-21　H 型钢梁抛丸除锈　　　图 8-22　H 型钢梁油漆喷涂

（3）CO_2 气体保护焊气体纯度>95%，焊接湿度<90%，焊接风速<2m/s，一般为四级风以下。一般焊接速度为 18~20m/h。

（4）根据单体钢梁重量及重心位置，在重心重点位置两侧相等距离焊接吊装吊耳，以方便现场吊装。

（5）焊缝应连续施焊，一次完成，焊完每道焊缝后及时清理，发现缺陷必须清除后再焊。若因故中断，在重新开始焊接前，如有预热方面的要求，应按此要求进行预热，并确保接头处的焊接质量。

（6）插板、加劲板、连接板的端部必须为不间断围角焊；引弧和熄弧点距接头端部 150mm 以上。

（7）埋弧焊采用多道焊接，使用气体保护焊打底机打底，从第二层开始用双丝双弧进行单层两道焊；盖面层并排焊三道。每道焊缝熔敷金属的厚度应控制在 3mm 以内，严禁焊道增宽大于 10mm，埋弧焊中间层应严格清渣。焊缝高出焊接面 2mm。

（8）引弧板及引出板要用气割切除，严禁锤击去除。

（9）采用对接钢板时，必须保证腹、翼板对接焊缝彼此错位不小于 200mm，且翼板拼接长度不小于 2 倍板宽，腹板拼接长度不小于 600mm，且对接焊缝距柱端头不小于 500mm。

（10）焊接材料的选择：埋弧焊焊丝采用 H10Mn2/H08MnA，直径 ϕ 4.8mm；焊剂：F5011/F5014；焊丝质量符合标准《熔化焊用钢丝》（GB/T 14957—94）的规定，焊剂质量符合标准《低合金钢埋弧焊用焊剂》（GB/T 12470—90）的规定。焊剂使用前必须在 300~350℃温度下烘干 2h，没有烘干的焊剂严禁使用。

8.2　地上钢柱安装

本部分所介绍的地上钢柱安装所指的是地上与地下劲性钢柱对接的二节柱与三节柱，该部分钢柱尺寸较长，规格较为复杂，吊车选择较为困难，吊装难度相对较大。本部分主要针对地上二节柱、三节柱如何吊装及吊装后的测量复核、焊接、防锈处理的质量管控要点、安全管控措施进行详细阐述。

8.2.1　钢柱进厂验收与码放

8.2.1.1　进厂验收

钢柱进场后，质监部门、物资部门联合监理对进场构件进行验收，验收主要内容为：对构件原材料合格证、质量证明书、规格、级别、数量，比对设计深化图纸查看构件外观尺寸、构件漆膜厚度及构件二维码张贴等。

根据本项目设计要求，构件喷涂底漆为铁红环氧底漆，中间漆为环氧云铁中间漆。底漆喷涂分 3 遍进行，每遍厚度 $\geq 15\mu m$，总厚度 $\geq 100\mu m$；中间漆喷涂分 2 遍进行，每遍厚度 $\geq 35\mu m$，总厚度 $\geq 70\mu m$。底漆和中间漆总喷涂厚度 $\geq 170\mu m$。漆膜厚度检测见图 8-23。

根据目前国内本行业情况，漆膜厚度基本如此，如在南方等有特殊环境的区域构件漆膜厚度有所调整。另外钢结构基本都含有后期防火涂料喷涂，现场施工后面漆一般省略不再喷涂而直接喷涂防火涂料。

图 8-23　漆膜厚度检测

8.2.1.2　码放

构件进场后，要根据构件上张贴的二维码，识别构件所在的区域及安装位置，将构件直接码放在吊装时吊车可以安全起吊覆盖的区域，禁止吊车吊装时拖拽构件。构件分类堆放见图 8-24。

构件码放时在底部垫 200mm 高枕木，防止雨水浸泡（见图 8-25）。

不需立刻安装的储备构件码放的区域要结合现场安全文明施工需要，码放在指定的构件堆放区域。

图 8-24 构件分类堆放

图 8-25 构件垫高堆放

构件码放时尤为注意装卸车及"挂钩""解钩"人员安全，吊车起吊时作业人员严禁在吊车回转半径内活动。

8.2.2 吊车选择

构件吊装前要根据施工方案要求及构件单体重量，选择安全可靠的起重吊车。

以本项目为例：最重构件为钢柱，钢柱规格为 $\phi1100mm \times 30mm$，长度 15.6m，重量 12.3t，柱顶标高 18m。采用 50t 汽车吊安装，作业半径 7m 以内，起重量为 14.6t，负载率小于 90%，满足吊装要求。50t 吊车参数见表 8-8。

表 8-8 50t 吊车参数

工作幅度/m	主臂/m					
	I 缸伸至 50%，支腿全伸，侧方、后方作业					
	11.1	15.0	20.8	26.6	32.4	38.2
	吊起重物的最大限度/kg					
3.0	55000	40000	24000			
3.5	50500	40000	24000			
4.0	44500	40000	24000	16000		
4.5	40000	36000	23000	16000		
5.0	36000	33000	21800	16000		
5.5	32000	30000	20600	16000	12400	
6.0	29000	27500	19500	16000	12400	
6.5	26000	25500	18500	15500	12400	8500

续表 8-8

工作幅度 /m	主臂/m					
	Ⅰ缸伸至 50%，支腿全伸，侧方、后方作业					
	11.1	15.0	20.8	26.6	32.4	38.2
	吊起重物的最大限度/kg					
7.0	24000	23500	17500	14600	12400	8500
7.5	22300	21900	16600	14000	12400	8500
8.0	20300	19700	15800	13300	11800	8500
9.0	15800	15300	14600	12200	10900	8500
10.0		12200	13400	11200	10000	8500
11.0		9900	11100	10300	9200	7700
12.0		8200	9400	9700	8500	7200
14.0			6700	7400	7500	6200
16.0			5000	5700	6100	5500
18.0				4400	4800	4850
20.0				3300	3700	4000
22.0				2500	2900	3200
24.0					2400	2600
26.0					1900	2100
28.0						1600
30.0						1200
32.0						1000

8.2.3　钢丝绳选择

起吊钢构件，钢丝绳能否满足负重要求和轻便灵活是起重作业的关键。如果钢丝绳不满足负重要求或是老旧破损在吊装过程中将带来巨大的安全隐患。因此在吊装构件前要根据构件最大重量及起吊过程摆幅采用特定软件严格计算钢丝绳安全系数能否满足要求。

以本工程为例说明：通过构件统计表可知，最重构件重约 12.3t，选用 4 点起吊，吊装简图如图 8-26 所示。

钢柱规格 ϕ1100mm×30mm，得出钢丝绳下

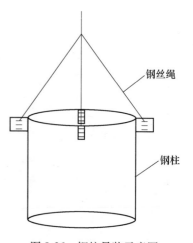

图 8-26　钢柱吊装示意图

钢丝绳

钢柱

端点宽度 1280mm，钢丝绳选 3m 长，根据力学计算，钢柱 12.3t，钢丝绳实际拉力 $F = 12.3/(4\sin78°) = 3.14t = 31.4kN$。

6×37+1 钢丝绳换算系数取 0.82，选用 φ24mm（钢丝绳公称抗拉强度 1670MPa，破断拉力为 283kN）。

实际安全系数 K 为：283×0.82/31.4 = 7.4>6，满足吊装要求。

卸扣的选择：由上述计算可知，钢柱每个吊点受力 3.14t，根据吊点受力数值，钢柱吊装选择卸扣号码为 M-DW5，允许负载 5t>3.14t，满足要求。

8.2.4 钢柱安装流程

8.2.4.1 安装工艺流程

安装工艺流程如图 8-27 所示。

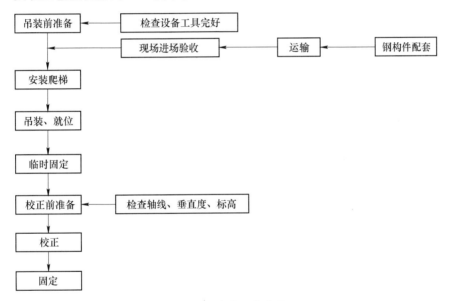

图 8-27 安装工艺流程

8.2.4.2 TEKLA 模拟推演

安装思路：待现场土建条件具备后，对首节柱进行放线复核，并清理首节柱顶面清洁完好。安装时先安装二节柱，待两相邻二节柱复核完成采用连接耳板固定后安装层间连系梁；依次顺序安装三节柱及上层层间连系梁。全部校核完成后焊接柱间节点焊缝和层间梁高强螺栓紧固与上下翼缘板焊接（见图 8-28）。

特别注意：

（1）复核首节柱如有偏差，要考虑调节二节柱进行找补。

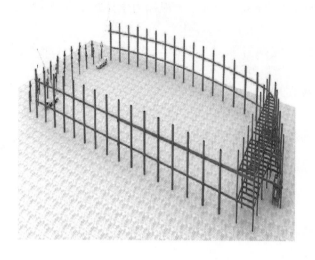

图 8-28 层间梁安装示意图

（2）二节柱采用连接耳板安装后先不要焊接，待层间梁安装完成后再焊接，防止柱焊接后梁出现装不上的情况（见图 8-29）。

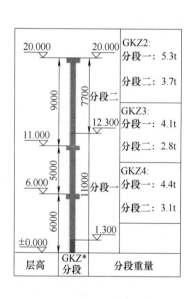
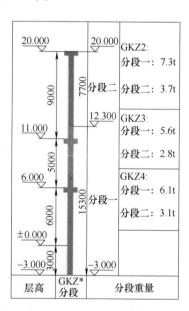

图 8-29 二节柱安装示意图

节点模拟：为了更加直观地展示柱间对接安装的细部节点，采用 TEKLA 软件对细部节点进行模拟深化（见图 8-30），以便更加直观地进行技术交底。

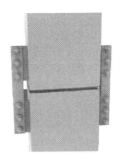

模拟 1：箱形钢柱对接安装

模拟 2：圆形钢柱对接

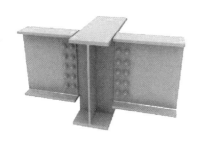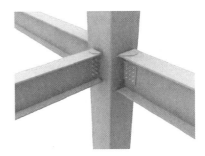

模拟 3：梁梁节点与梁柱节点

图 8-30　模拟深化示意图

8.2.5　钢柱安装

8.2.5.1　安装前的准备

（1）吊装前清理钢柱上的浮土、油污，用水将钢柱清洗干净；

（2）吊装前对构件的中线、轴线、长度、坡口等几何尺寸等标记进行检查，无误后方可吊装；

（3）缆风绳、溜绳及防坠器在钢柱起吊前绑扎到位（见图8-31）；

（4）对接钢柱的操作平台、钢爬梯等提前现场加工，并提前安装完成（见图8-32）。

图8-31　钢爬梯及防坠器安装

图8-32　对接平台安装

8.2.5.2　起吊

吊点位于钢柱顶连接耳板上，然后起吊。根据构件的单重及连接板形式选择合适的卡扣，钢柱吊装由起重工绑钩并负责指挥吊装。起吊柱子时，边起钩边回转使柱子竖直起来，使柱底离地面保持40~60cm，缓慢回转吊车臂并落到安装位置上方（见图8-33）。

8.2.5.3　钢柱就位

钢柱回旋到位后，两侧中心线与定位线吻合，四面兼顾，并连接安装耳板及螺栓，采用缆风绳进行加固，防止倾倒（见图8-34）。

8.2.5.4　钢柱矫正

矫正内容：标高、垂直度、扭转偏差。

柱标高调整：依靠地脚锚栓调节螺母以及调整内垫板厚度进行标高调整。

垂直度调整：用两台经纬仪从两相互垂直的方向进行校正，钢柱的垂直度误差控制在±3mm内，采用缆风绳进行微调整。目前项目也多采用全站仪进行矫正，即在柱顶划十字线，立反光棱镜，根据图纸设计坐标复核钢柱垂直度及坐标定位（见图8-35和图8-36）。

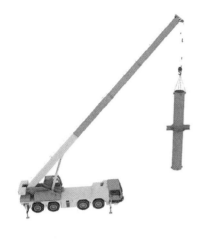

图 8-33　钢柱吊装示意 　　　　　　　　图 8-34　钢柱吊装实况

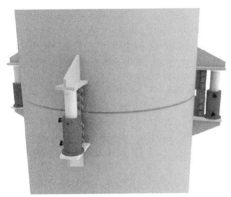

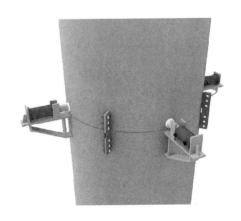

图 8-35　钢柱垂直度调整 　　　　　　　图 8-36　钢柱坐标调整

　　扭转偏差调整：柱身的扭转调整通过上下的耳板在不同侧夹入垫板（垫板的厚度一般在 0.5~1.0mm），每次调整扭转在 3mm 以内，若偏差过大则可分成 2~3 次调整。当偏差较大时可通过在柱身侧面临时安装千斤顶对钢柱接头的扭转偏差进行校正。

　　定位轴线和单节柱垂直度允许偏差见表 8-9。

表 8-9　定位轴线和单节柱垂直度允许偏差　　　　　　　　（mm）

序号	项　　目	允许偏差
1	定位轴线	5
2	单节柱垂直度	$L/1000$ 且不大于 10

8.2.6　钢柱焊接

8.2.6.1　焊接形式

现场钢柱焊接，采用 CO_2 气体保护焊。

8.2.6.2　焊接前准备

（1）焊接前首先要有完善的焊接工艺评定。

（2）焊接前对现场工人进行焊接考试，合格后方可上岗作业。

（3）焊接前检查焊接材料，焊丝为 $\phi1.2mm$ 直径焊丝，二氧化碳气体纯度 >95%。

（4）搭设防风棚，防止焊接时风速过大（<2m/s），影响焊接质量。

（5）检查坡口装配质量。应去除坡口区域的氧化皮、水分、油污等影响焊缝质量的杂质。如坡口用氧-乙炔切割后，还应用砂轮机进行打磨至露出金属光泽。

8.2.6.3　焊接施工

（1）焊前对焊口采用火焰形式进行碳弧气刨清根，确保焊接面清洁干燥无毛刺。

（2）焊前对焊口及焊口两侧 100mm 范围内进行预热，预热温度在焊接温度 20℃以上（冬季焊接）。

（3）焊接分三部分：先打底，再填充，最后进行罩面焊。打底焊接每层焊道厚度≤3mm，填充焊接每层焊道厚度≤4mm，罩面焊接焊缝高于结构面 2mm，两侧各突出焊口 3mm。

（4）坡口焊接：根据焊接的可操作性、焊工的视线，钢柱对接焊缝坡口应以单面开坡口形式为主。现场接头拟采用单面单边 V 形，反面设置衬板，根部间隙 6~8mm，坡口角度 45°。焊接前按照规范要求设置引弧板和熄弧板。单 V 坡口焊接见图 8-37。

（5）焊接工艺措施：采用多层多道焊接（见图 8-38）；采用直流反接（DC+）；焊丝伸出长度控制在 20mm 左右；保护气体流量为 20~25L/min；焊缝构成由坡口面到中间。

（6）焊接顺序：箱形柱中对称的两个柱面板要求由两名焊工同时对称施焊。首先在无连接板的一侧焊至 1/3 板厚，割去柱间连接板，并同时换侧对称施焊，接着两人分别继续在另一侧施焊，如此轮换直至焊完整个接头（见图 8-39）。

圆形柱对接时，采取两个人分段对称焊的方式进行（见图 8-40）。

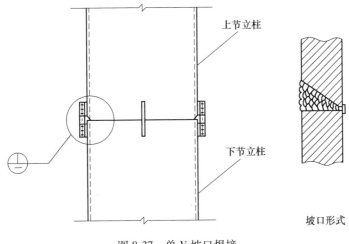

图 8-37 单 V 坡口焊接

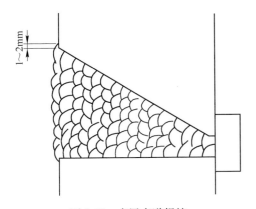

图 8-38 多层多道焊接

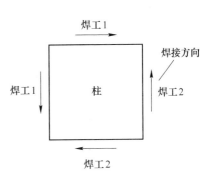

图 8-39 箱形柱对称焊接示意图

接头上的每道焊缝收头需熔至上一道焊缝端部约 50mm 处，即错开 50mm，不使焊道的接头集中在一处（见图 8-41）。

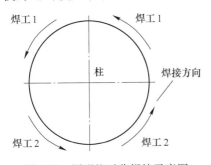

图 8-40 圆形柱对称焊接示意图

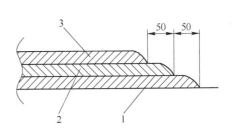

图 8-41 焊缝错开示意图

1—打底焊缝；2—填充焊缝；3—盖面焊缝

8.2.6.4　焊接注意事项

（1）焊接质量检查包括外观和无损检测。外观检查按照 GB 50661—2011 规范执行。无损检测（UT）按照 GB 11345—2013 和设计文件执行，一级焊缝 100%检验，二级焊缝抽检 20%，并且在焊后 24h 检测。

（2）焊接缺陷返修。焊缝表面的气孔、夹渣用碳刨清除后重焊（见图 8-42）；母材上若产生弧斑，则要用砂轮机打磨，必要时进行磁粉检查；焊缝内部的缺陷，根据 UT 对缺陷的定位，用碳刨清除，对裂纹碳刨区域两端要向外延伸至各 50mm 的焊缝金属（见图 8-43）；返修焊接时，对于厚板必须按原有工艺进行预热、后热处理，预热温度应在前面基础上提高 20℃；焊缝同一部位的返修不宜超过两次，如若超过两次，则要制定专门的返修工艺并报请相关工程师批准。

图 8-42　焊前清根　　　　　　　　　图 8-43　UT 探伤

（3）焊接作业区风速。CO_2 气体保护焊不得超过 2m/s，否则应采取防风措施（见图 8-44）。

（4）严禁在焊缝以外的母材上引弧。定位焊必须由持证的工人施焊，且应与正式焊缝一样要求；如装有引弧板和收弧板，则应在引弧板和引出板上进行引弧和收弧；焊接完成后，应用气割切除引弧板和引出板，留有 2mm 宽，用砂轮机修磨平整，严禁锤击去除（见图 8-45）。

（5）在碳弧气刨清根时存在一个弱点，即碳弧气刨产生的碳弧会影响焊道板材，使焊缝内碳含量增加，最终导致焊缝产生延迟裂纹。

8.2.7　钢柱喷涂

除锈：钢柱节点焊接探伤合格后对焊缝进行清理，达到焊缝表面露出银白色金属光泽后即能达到设计要求 Sa2.5 级除锈标准，除锈范围为焊缝及两侧 ≥5cm 处。

图 8-44 节点防风定型化围挡

图 8-45 焊后打磨

切割耳板：钢构件焊接完成后即切除连接用工艺耳板，切除耳板采用氧气乙炔火焰切割，切割时预留高于结构面>5mm，防止切割过深，伤及母材。

涂刷底漆：清理完成后进行验收，验收合格即涂刷（施工现场底漆一般为涂刷）铁红环氧底漆，涂刷 3 遍，每遍间隔 1h，厚度>100μm。

喷涂中间漆：底漆涂刷完成 6~8h 后经过验收，合格后喷涂环氧富锌中间漆，分 2~3 遍完成，厚度>70μm。

8.2.8 注意事项

（1）首节柱或二节柱吊装时劲性柱混凝土强度等级必须大于等于设计强度的 75%。

（2）如果吊装构件需要在车库顶板等已有建筑顶板上进行，必须进行载荷验算，合格后方可进行施工，且制定严密的观测计划，定期进行楼板变形监测。

（3）钢柱高空焊接时必须设置接火斗且有动火证。

（4）焊接作业时空气湿度不得大于 90%（早晨不得有晨露，宜 10 点以后焊接，雨后 5~6h 后方可焊接）。

（5）油漆涂刷及喷涂时空气湿度不得大于 90%（早晨不得有晨露，宜 10 点以后作业，雨后 5~6h 后方可作业）。

8.3 地上钢梁安装

钢梁的进厂验收程序及验收注意事项均与钢柱验收相同，在本节就不再详细描述。本部分只对钢梁的吊装、高强螺栓安装、钢梁焊接等施工工艺，安全质量保证措施等进行详细介绍。如读者对钢梁进厂验收内容存在疑问可参考本书 8.2 节内容。

8.3.1 钢梁吊装

8.3.1.1 吊车选择

构件吊装前要根据施工方案要求及构件单体重量，选择安全可靠的起重吊车。

以本项目为例：最重构件为钢柱，钢梁最大规格为 $500×300×2×2$，长度 7.9m，重量 3.6t，梁顶标高 6/13m。采用 25t 汽车吊安装，作业半径 15m 以内，起重量为 3.8t，满足吊装要求。

主臂工况起重量见表8-10。

表8-10　主臂工况起重量　　（t）

支腿最大伸出6.3m（全周）					支腿中间伸出5.0m（侧方）				
作业半径 /m ＼ 主臂长度/m	9.5	16.5	23.5	30.5	作业半径 /m ＼ 主臂长度/m	9.5	16.5	23.5	30.5
2.5	25.0	19.0	12.5		2.5	25.0	19.0	12.5	
3.0	25.0	19.0	12.5	7.0	3.0	25.0	19.0	12.5	
3.5	25.0	19.0	12.5	7.0	3.5	25.0	19.0	12.5	7.0
4.0	23.0	19.0	12.5	7.0	4.0	23.0	19.0	12.5	7.0
4.5	21.2	18.0	12.5	7.0	4.5	21.2	18.0	12.5	7.0
5.0	19.4	16.7	12.5	7.0	5.0	18.4	16.7	12.5	7.0
5.5	17.8	15.6	11.75	7.0	5.5	15.4	15.0	11.75	7.0
6.0	16.3	14.6	11.1	7.0	6.0	13.0	12.6	11.1	7.0
6.5	15.1	13.8	10.5	7.0	6.5	11.2	10.8	10.5	7.0
7.0	13.7	13.0	10.0	7.0	7.0	9.5	9.4	10.0	7.0
8.0		10.9	9.0	7.0	8.0		7.3	8.0	7.0
9.0		8.65	8.2	6.3	9.0		5.85	6.5	6.3
10.0		7.05	7.3	5.8	10.0		4.75	5.4	5.6
11.0		5.85	6.4	5.3	11.0		3.9	4.55	4.8
12.0		4.95	5.5	4.9	12.0		3.3	3.85	4.15
13.0		4.2	4.75	4.5	13.0		2.75	3.3	3.55
14.0		3.6	4.1	4.15	14.0		2.3	2.85	3.1
15.0			3.6	3.8	15.0			2.45	2.7
16.0			3.15	3.45	16.0			2.1	2.35
17.0			2.8	3.05	17.0			1.8	2.1
18.0			2.45	2.7	18.0			1.55	1.8
19.0			2.15	2.45	19.0			1.35	1.6
20.0			1.9	2.2	20.0			1.15	1.4
21.0			1.7	1.95	21.0			0.95	1.2
22.0				1.75	22.0				1.05
24.0				1.4	24.0				0.75
26.0				1.15	26.0				0.5
28.0				0.95					

8.3.1.2　吊装前准备

（1）吊装前仔细复核钢梁编号，清理钢梁表面污物；对产生浮锈的连接板和摩擦面进行除锈处理。

（2）待吊装的钢梁应装配好附带的连接板，并用工具包装好螺栓。

（3）吊装前检查构件的中线、轴线、长度、坡口等几何尺寸标记，无误后方可吊装。

（4）主梁与钢柱连接、主次梁连接以及悬挑梁连接等作业施工都处在半空中进行，为保障施工人员的作业安全，采用定型化吊篮进行施工辅助（见图8-46）。

图 8-46　双道安全绳与操作吊笼

（5）钢梁安装前应对连接牛腿位置的标高与轴线进行复验并记录。

（6）安装前，应对钢梁的长度、断面、翘曲等进行预检，发现问题应立即停止，分析研究，以便及时采取措施。

（7）安装前应在地面上将挂笼安装在钢梁上，供摘钩、安装螺栓作业用。

（8）安装前在钢梁上安装双道生命线，供安装工人在钢梁上行走挂设（见图8-47）。

（9）钢梁起吊前溜绳要绑扎到位，用于控制钢梁摆动。

8.3.1.3　吊装流程

吊装流程如图8-48所示。

8.3.1.4　吊装

A　钢梁绑扎

先在钢梁两端拴棕绳做溜绳，这样有利于保持钢梁空中平衡，以提高安装效

图 8-47　安全绳设置实况

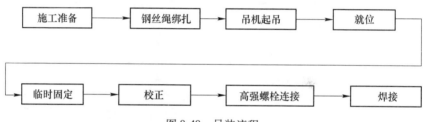

图 8-48　吊装流程

率。钢梁的吊装钢丝绳绑好后，先在地面试吊，离地 5cm 左右，观察其是否水平，是否歪斜。如果不合格应落地重绑吊点。对较长的构件，应按事先计算好的吊点位置，经试吊平衡后方可正式起吊。对于重量较轻的钢梁，为提高吊装效率可采用一钩多吊工艺，绑扎方法见图 8-49、图 8-50。绑扎时应注意：先安装构件在最下面依次向上绑扎。一钩多吊上下钢梁之间距离不应少于 1.5m，以便安装人员操作。

　　B　吊机起吊、就位、临时固定

　　当钢梁下落到接近安装部位时，起重工方可伸手去触及梁，并用带圆头的撬棍穿眼、对位，先用普通的安装螺栓进行临时固定，安装螺栓数量按规范要求不得少于该节点螺栓总数的 30%，且不得少于 2 个。穿次梁高强螺栓时，必须用过眼样冲将高强螺栓孔调整到最佳位置，而后穿入高强螺栓，不得将高强螺栓强行打入，以防损坏高强螺栓，影响结构安装质量。

　　C　钢梁校正

　　钢梁的轴线控制：吊装前每根钢梁标出钢梁中线，钢梁就位时确保钢梁中心线对齐连接牛腿的轴线。

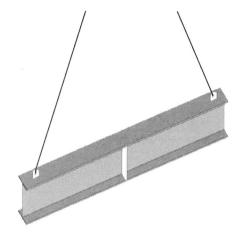
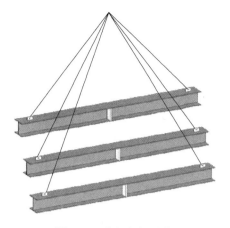

图 8-49 单根钢梁吊装   图 8-50 多根钢梁吊装

调整好钢梁的轴线及标高后,用高强螺栓换掉用来进行临时固定的安装螺栓。一个接头上的高强螺栓应从螺栓群中部开始安装,逐个拧紧。初拧、复拧、终拧都应从螺栓群中部向四周扩展逐个拧紧。钢梁安装实况见图 8-51。

图 8-51 钢梁安装实况

D 钢梁焊接

钢梁螺栓安装完成后进行上下翼缘板 CO_2 气体保护焊接,焊接时设置引熄弧板,引熄弧板厚度 6mm,长度为 2.5cm。次结构梁不进行焊接。

8.3.1.5 吊装注意事项

(1)钢梁上下翼缘板均开设坡口(原则上厚度大于 6mm 的钢板焊接均需开设坡口),设置焊接垫板,垫板厚度 6mm,材质同钢梁为 Q345B。

（2）钢梁上下翼缘板坡口均在上方，方便焊接。

（3）钢梁腹板在翼缘板焊接部位均设置倒角，倒角圆弧半径 2cm。

（4）一般钢梁采用两点吊装，吊点位置应设在离端口 1/3 位置处。

（5）钢梁安装就位后，调整标高、对接口尺寸，直到符合要求。

（6）钢梁安装时平面上按照先主梁后次梁的施工顺序，安装完成后进行整体校正，而钢梁焊接顺序为先焊主梁后焊次梁（次梁焊接情况下）。

（7）严禁发生梁不到位起重工就用手生拉硬拽强行就位现象。

（8）根据本项目和类似工程经验总结一般钢梁吊装每天有 9~11 吊的施工量。

8.3.2　高强螺栓安装

8.3.2.1　高强螺栓选择

本项目高强螺栓主要位于梁柱连接处，采用符合现行标准《钢结构用高强度大六角头螺栓、大六角头螺母、垫圈技术条件》或《扭剪型高强度螺栓》的 10.9 级的摩擦型高强螺栓。

8.3.2.2　高强螺栓性能

（1）本工程所使用的螺栓均应按设计及规范要求选用其材料和规格，保证其性能符合要求。

（2）高强度螺栓连接副应进行扭矩系数复验及摩擦面抗滑移系数试验，试验用螺栓连接副应在施工现场待安装的螺栓批中随机抽取。每套连接副只应做一次试验，不得重复使用。在进行连接副扭矩系数试验时，螺栓的紧固轴力应控制在一定的范围内，螺栓紧固轴力的试验控制范围如表 8-11 和表 8-12 所示。

表 8-11　螺栓紧固轴力最小值　　　　　　　　　　（kN）

螺栓规格	M16	M20	M22	M24
紧固轴力	99	154	191	222

表 8-12　扭剪型高强度螺栓紧固轴力

螺栓直径 d /mm		16	20	(22)	24
紧固轴力 /kN	公称	109	170	211	245
	最大	120	186	231	270
	最小	99	154	191	222
紧固轴力变异系数		≤0.1			

8.3.2.3 高强螺栓安装工艺流程

高强螺栓安装工艺流程如图 8-52 所示。

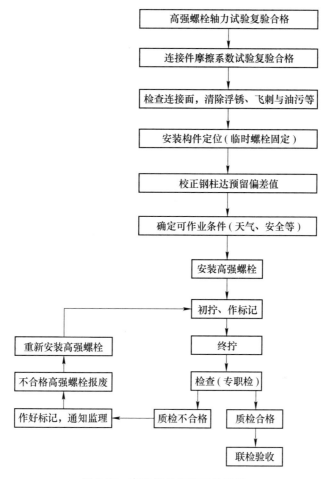

图 8-52 高强螺栓安装工艺流程

8.3.2.4 高强螺栓安装工艺

高强螺栓连接长度按下式确定：

$$L = \delta + H + nh + c$$

式中 δ——连接构件的总厚度，mm；

      H——螺母高度，mm，取 $0.8D$（螺栓直径）；

      n——垫片个数；

      h——垫圈厚度，mm；

c——螺杆外露部分长度，mm（2~3 扣为宜，一般取 5mm）。
计算后取 5 的整倍数。

8.3.2.5　高强螺栓安装

高强螺栓安装如图 8-53 所示。

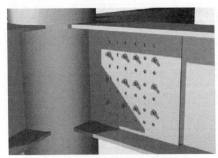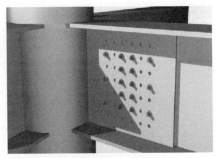

步骤 1：首先采用普通螺栓固定钢梁　　　　步骤 2：由中间向两侧替换普通螺栓

步骤 3：由中间向四周终拧高强螺栓到设计强度

图 8-53　高强螺栓安装步骤

8.3.2.6　高强螺栓安装注意事项

（1）高强螺栓进场必须复试，每批应抽取 8 套连接副进行复验，复试要求可参考本书第 2 章材料验收。

（2）吊装钢构件，用临时螺栓或冲钉固定，严禁把高强螺栓作为临时螺栓使用，临时螺栓数量不应少于螺栓总数的 1/3 且不少于 2 个。

（3）高强螺栓替换临时螺栓紧固。高强螺栓紧固必须分两次进行，第一次为初拧，初拧紧固到螺栓终拧轴力值的 50%~80%；第二次为终拧，终拧紧固到标准预拉力，偏差不大于 ±10%。扭剪型高强螺栓采用专用的电动扳手进行终拧，梅花头拧掉即标志着终拧结束。个别不能用专用扳手操作时，扭剪型高强螺栓应按大六角头高强螺栓用扭矩法施工。终拧结束后，检查漏拧、欠拧宜用 0.3~

0.5kg 重的小锤逐个敲检，如发现有欠拧、漏拧应补拧；超拧应更换。检查时应将螺母回退 30°～50°，再拧至原位，测定终拧扭矩值，其偏差不得大于±10%，已终拧合格的做出标记，以免混淆。

（4）接触面缝隙超规的处理。高强螺栓安装时应清除摩擦面上的铁屑、浮锈等污物，摩擦面上不允许存在钢材卷曲变形及凹陷等现象。安装时应注意连接板是否紧密贴合，对因钢板厚度偏差或制作误差造成的接触面间隙，按表 8-13 和图 8-54 所示方法进行处理。

表 8-13 接触面缝隙超规的处理方法

间隙大小	处 理 方 法
1mm 以下	不作处理
3mm 以下	将高出的一侧磨成 1：10 的缓度，使间距小于 1.0mm
3mm 以上	加厚度不小于 3mm 的垫板，最多不超过两层，垫板材质和摩擦面处理方法应与构件相同

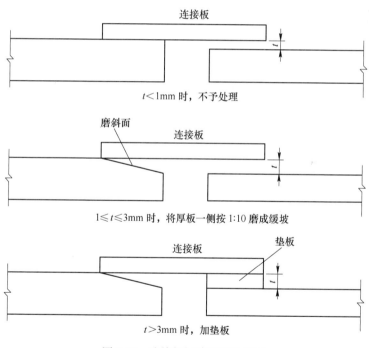

图 8-54 连接板间隙处理示意图

（5）高强螺栓的穿入应在结构中心调整后进行，其穿入方向应以施工方便为准，力求方向一致。

（6）安装时注意垫圈的正反面，螺母带圆台面的一侧应朝向垫圈有倒角的一侧。

（7）安装时严格控制高强螺栓长度，避免由于以长代短或以短代长而造成的强度不够、螺栓混乱情况。终拧结束后要保证 2~3 个丝扣露在螺母外圈。

（8）同一高强螺栓初拧和终拧的时间间隔，要求不得超过一天。且初拧终拧都得做出标记。

（9）雨天不得进行高强螺栓安装，摩擦面上和螺栓上不得有水及其他污物，并要注意气候变化对高强螺栓的影响。

（10）高强螺栓安装应能自由穿入孔，个别螺栓孔不能自由穿入时，可用铰刀或锉刀进行扩孔处理，但修整后孔的最大直径不应大于 1.2 倍螺栓直径，其四周可自由穿入的螺栓必须拧紧，扩孔产生的毛刺等应清除干净，严禁气焊扩孔或强行插入高强螺栓（图 8-55）。

（11）当大部分不能自由穿入时，可先将安装螺栓穿入，可自由通过的螺栓孔拧紧后再将不能自由通过的螺栓孔扩孔，然后放入高强螺栓。

（12）高空作业时注意拿稳扳手，高空安装高强螺栓时要用专用帆布袋存放，防止高空坠物伤人。

（13）高强螺栓安装检查在终拧 1h 以后到 24h 之前完成（图 8-56）。

（14）如果检查不符合规定，应再扩大检查 10%，若仍有不合格者，则整个节点的高强度螺栓应重新拧紧。

图 8-55　高强螺栓孔检查

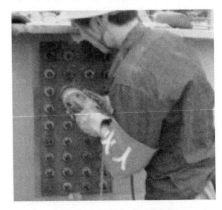

图 8-56　高强螺栓孔终拧

9 大跨度张弦梁结构

9.1 张弦梁方案选择与论证

通过对目前国内极具代表性的广州国际会展中心、厦门国际会展中心和黑龙江国际会展中心张弦梁结构的研究分析，本工程张弦梁结构由空腹箱式上弦梁、竖向圆形撑杆、下弦预应力高钒索组成，并通过平面外箱式杆件将多榀单支张弦梁刚性连接组成弦支网壳张弦梁结构，在国内尚属首例（见图9-1）。

为确保本项目建筑造型飘逸优美，最终实现建筑师对建筑美感的设想，并确保整个结构安全可靠，在设计阶段先后经过由清华大学、中国建筑设计研究院、天津大学、中国钢结构协会在内的多位专家研讨分析，最终确立本工程的设计方案。

通过对国内大跨度空间钢结构施工安装的调研，目前在国内及国际钢结构安装领域主要沿用大跨度结构整体吊装、结构分单品滑移、高空分段原位吊装和整体液压提升四种方案形式，本节主要对本工程张弦梁安装方案进行选择讨论。

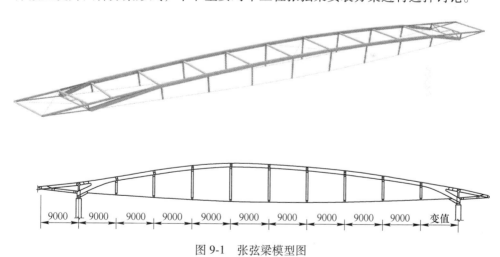

图 9-1　张弦梁模型图

9.1.1　方案对比选择

针对本工程的张弦梁，有以下三种安装方案，分别从工期、质量、安全、经济性等方面综合分析，选择最优方案实施。

9.1.1.1　方案一：地面拼装、挂索+整榀吊装施工方案

施工方法：采用分段制作运输+地面卧装（运输段拼装成吊装节段）+地面胎架支撑立拼（吊装节段拼装成整榀张弦梁）+地面挂索初张+整榀梁双机抬吊（2 台 250t 履带吊）。适用于本工程所有 73 榀张弦梁的施工（包括地下室上部 7 榀张弦梁）。

合理性分析：

（1）工期分析：

1）地面挂索效率高，但作为关键线路，影响后续吊装施工。

2）张弦梁整体吊装速度快，但需等探伤合格，初张后才可吊装。

3）拼装所需区域面积大，拼装时此区域其他构件不能施工。

4）单榀吊装时易发生平面外变形，发生平面外变形后，需要重新制作，影响工期，增加投入。

5）由于在地面需要初张，初张后主梁不能进行焊接作业，因此钢系杆需在张弦梁上留置牛腿，延长制作焊缝，延长工期，影响质量。

（2）质量分析：

1）吊装过程张弦梁一旦发生平面外变形，无法校正。

2）现场钢系杆与张弦梁牛腿焊接，安装精度要求高。

3）张弦梁拼接焊缝在低空完成，刮风对其影响较小，容易保证焊接质量。

（3）安全性分析：

1）能降低高空作业高度，作业面从约 23m 降低到约 8m，但工作量不减少。

2）地面挂索容易操作，安全性较高。

3）吊装时易发生平面外变形失稳，发生安全事故，且返修费用巨大。

（4）经济性分析：

1）整体吊装需使用大型吊车，设备成本高。

2）支撑胎架高度较低，措施量较小，挂索后张弦梁下方不能通过任何车辆，支撑胎架二次周转不便。

3）发生平面外变形需要重新制作，造成材料浪费，成本增加。

4）地面初张后，高空二次张拉仍需设置操作平台，不能减少措施费用。

5）整榀张弦梁吊装就位时，需采用其他吊车配合安装钢系杆，钢系杆安装完成才可脱钩，占用大型吊车时间较长，造成成本增加。

分析结论：通过增加劳动力及吊装设备，能够满足工期要求，质量、安全方面通过有效控制能够满足施工要求，经济性一般。不采用此方案。

9.1.1.2　方案二：馆外平台整体拼装+分单元滑移

施工方法：在馆外搭设拼装平台（略高于柱位支撑点），张弦梁拼装平台分

段拼装、挂索，初张拉后单榀或多榀张弦梁一次滑移。适用范围：本工程地下室上部 7 榀张弦梁。

由于滑移施工条件要求滑移结构端部为平行布置，而本工程 72m、90m 跨展厅的张弦梁端部一端为直线布置，另一端为曲线布置，不满足滑移条件，故滑移方案不适用本工程 72m、90m 跨张弦梁展厅。

合理性分析：

（1）工期分析：

1）条件允许情况下，可提前插入施工。

2）本工程仅有 7 榀张弦梁有地下室、轨道等措施安装需要较长时间，不能加快施工进度。

3）本工程地下室顶板承载力为 $6t/m^2$，达到龄期后完全满足汽车吊吊装要求；在未达到龄期前通过铺设钢板等措施，可提前插入施工，能够满足工期要求。

4）发生构件严重变形，需重新制作，影响工期。

（2）质量分析：

1）集中拼装，构件容易混乱，容易拼装错误。

2）滑移过程一旦失稳，会造成张弦梁变形，校正困难。

（3）安全分析：

1）结构侧向刚度较小，滑移过程易失稳变形。

2）可多榀连接后整体滑移，但所需胎架组数增加，拼装时间加长。

（4）经济性：

1）在结构内部有地下室且地下室顶板承载力不能满足吊车吊装要求，必须采用大型吊车在外部吊装时，采用滑移施工比较经济。

2）高空设置轨道，难度较大，成本增加明显，还需投入牵引设备，增加成本。

3）本工程仅有 7 榀张弦梁有地下室，且地下室顶板以上还有大量钢框架结构存在，站在地下室以外部分吊装，需要超大型吊装设备才能满足，只能在地下室顶板上用吊车或设置塔吊吊装，采用滑移施工不经济。

4）发生构件严重变形，需重新制作，增加费用。

分析结论：本工程张弦梁有 7 榀张弦梁跨度相同且在地下室位置，适宜整体滑移。其他 60 榀张弦梁各榀跨度均不相同且呈圆弧状分布，不适宜整体滑移。不采用此方案。

9.1.1.3　方案三：高空原位拼装+空中挂索张拉施工方案

施工方法：采用分段制作运输+地面卧装（运输段拼装成吊装节段）+地面

高支撑胎架+高空拼装+高空挂索张拉，适用于本工程所有 73 榀张弦梁的施工（包括地下室上部 7 榀张弦梁），如图 9-2 所示。

图 9-2　张弦梁高空分段原位拼装示意图

合理性分析：

（1）工期分析：

1）高空挂索效率较低，但不影响后续构件安装。

2）拼装区域下方可充分利用，汽车吊可以灵活移动进行其他构件安装。

3）采用租赁塔吊标准节做为支撑胎架，能大量减少措施制作时间，加快施工进度，绿色环保。

（2）质量分析：

1）高空焊接，刮风影响施工质量，可通过搭设防风棚控制质量。

2）现场钢系杆与张弦梁直接连接，连接方便，质量容易控制。

（3）安全性分析：

1）高空作业，危险性较大，采用成熟劳务分包能有效降低风险。

2）拼装完成过程可安装钢系杆，不会发生平面外失稳。

3）高空挂索危险性较大，采用成熟的专业队伍施工能保证施工安全。

（4）经济性分析：

1）分段吊装重量轻，可采用较小型吊车，吊车费用低。

2）支撑胎架高度高，措施材料多，但胎架下方可走车，利于胎架周转。

3）采用租赁塔吊标准节做为支撑胎架，能减少措施制作费用，实现降本增效，但需就近租赁，否则运输成本将大幅增加。

分析结论：通过增加支撑胎架及吊车数量，能明显缩短施工工期，措施材料较多，但质量及安全容易控制，且使用较小型号吊车，经济合理。此方案可行。

9.1.2 方案专家论证

9.1.2.1 需要专家论证的钢结构方案

根据目前我国建筑施工规范《超过一定规模的危险性较大的分部分项工程》要求，钢结构领域需要专家论证的方案有：

（1）用于钢结构安装等满堂支撑体系，承受单点集中载荷700kg以上。

（2）起重吊装及安装拆卸工程采用非常规起重设备、方法，且单件起吊重量在10t及以上的起重吊装工程，起重量30t及以上的起重设备安装工程，高度200m及以上内爬起重设备的拆除工程。

（3）跨度大于36m及以上的钢结构安装工程，跨度大于60m及以上的网架和索膜结构安装工程。

9.1.2.2 专家论证

A 组织论证

由总包单位组织论证（根据业内行情一般也由专业分包联合组织），如图9-3所示。

图9-3 多方代表参加的专家论证会

B 论证时间

设计图纸确立后、张弦梁结构施工前以及经公司内部及监理、甲方审批后进行论证。

C　论证人员

（1）总承包单位项目经理、项目总工、分公司总工、公司总工程师（新规范要求）。

（2）设计单位总设计师。

（3）具有评审专家资格的五位钢结构专家。

（4）专业分包单位项目经理、项目总工、分公司总工、公司总工（钢结构专业分包单位）。

（5）专业分包项目经理、项目总工、公司总工、公司经理（预应力索单位）。

（6）建设单位代表、监理单位总监理工程师。

D　论证结论

五位专家经过听取方案汇报、审核方案文件，一致认为项目采取的高空原位分段拼装加空中穿索和空中预应力张拉的施工方案可行，并一齐签署方案论证意见。

E　特别注意

（1）专家论证前3~5天将电子版方案发给每位专家预审，这样可以缩短论证会上的论证时间。

（2）专家论证时要将方案装订成册每位专家给一套。

（3）专家论证汇报时要采取PPT的形式简要汇报。

（4）专家论证方案的结论表上一定要写明论证的最终意见。

9.2　张弦梁设计与加工

9.2.1　BIM深化设计

深化设计就是利用深化软件TEKLA、MidasGen、Sap2000等在原设计单位计算模型的基础上深入进行节点的优化，了解结构构件在各种工况下的工作状态，同时对所有复杂节点进行有限元分析，确保节点受力满足设计要求，同时了解节点内部应力分布，在充分理解设计意图的基础上进行技术交底，贯彻设计精神。

9.2.1.1　整体建模

根据张弦梁结构分段高空原位拼装方案要求，对各榀张弦梁高度、长度、重量进行科学合理的分段建模（见图9-4、表9-1），确保加工方便，运输简便，质量、安全易于保证。

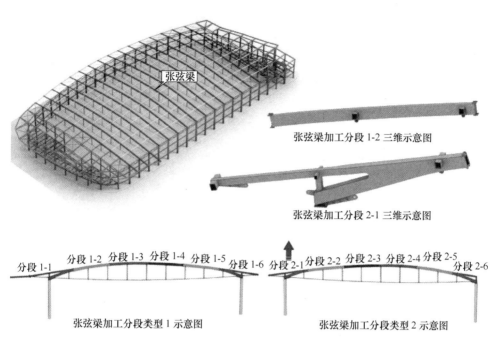

图 9-4 分段建模深化图

表 9-1 张弦梁分段拆分建模参数

编号	长度/m	高度/m	宽度/m	重量/t	编号	长度/m	高度/m	宽度/m	重量/t
分段 1-1	17.6	3.2	1.6	12.4	分段 2-1	17.6	3.2	1.6	12.4
分段 1-2	18	1.8	1.6	8.4	分段 2-2	18	1.8	1.6	8.4
分段 1-3	18.4	1.8	1.6	8.6	分段 2-3	18.4	1.8	1.6	8.6
分段 1-4	17.8	1.8	1.6	8.2	分段 2-4	17.8	1.8	1.6	8.2
分段 1-5	16.8	2.4	1.6	7.8	分段 2-5	16.8	2.4	1.6	7.8
分段 1-6	16.2	3.1	1.6	11.8	分段 2-6	12	3.1	1.6	8.7

9.2.1.2 细部建模

通过对本张弦梁结构的图纸设计研读和结构形式特点分析，张弦梁上弦为空腹箱式梁结构，较为简单，竖向撑杆为圆管柱加铸钢球，下弦为成品预应力高钒索（见图 9-5）。该张弦梁的结构造型复杂节点全部集中在两端支座位置和中部撑杆铰接点位置。因此该部位是张弦梁深化的重点和难点。

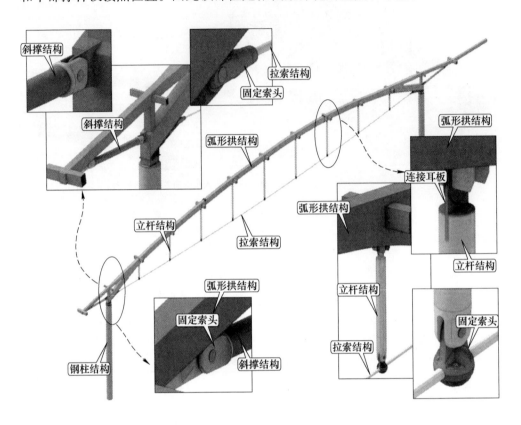

图 9-5   张弦梁杆件分解图

细部建模步骤如图 9-6 所示。

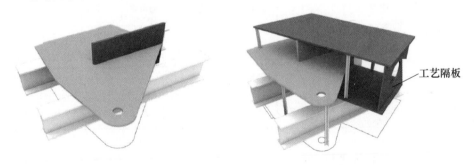

步骤 1：节点构件选择在拼装平台上进行拼装焊接，对部分悬挑板件焊接临时支撑确保节点板件精度，对箱型构件端口加装端部尺寸保证工艺隔板。

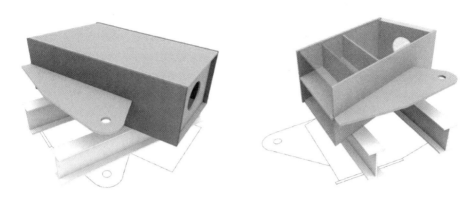

步骤2：箱型节点两侧板件拼装，完成后单侧进行内部加劲板板件的拼装焊接

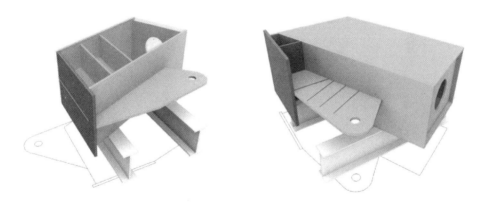

步骤3：为保证拉索连接板件与箱型构件焊缝，将侧面板件开槽连接板深处，确保焊缝质量，节点底板焊接完成后进行加劲板的拼装焊接

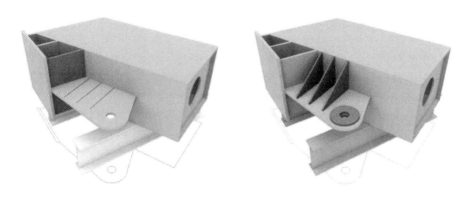

步骤4：另外一块加劲板的退装及连接板上加劲板、拉索节点加固环板拼装焊接

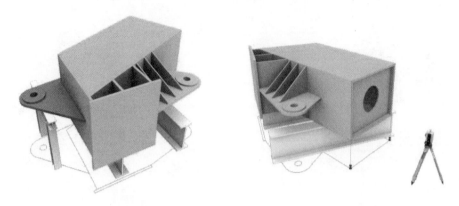

步骤5：另外一侧连接板拼装焊接，整体节点端部尺寸测量，整体节点对齐地样线采用全站仪对节点各个控制点进行节点整体制作精度的测量和控制

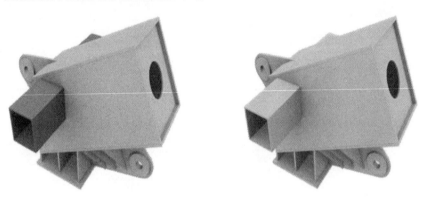

步骤6：节点两侧箱型牛腿根据箱型构件上定位线进行拼装，两侧牛腿拼装完成后，选择两名焊工同时进行两侧牛腿焊缝的焊接，确保节点牛腿制作精度

图 9-6   细部建模步骤

9.2.1.3   过程分析验算

为保证结构设计更加合理，施工工艺更加有利，通常钢结构深化设计时都与设计院进行协调配合，将结构或工艺进行优化设计，达到减少钢结构工程用量、减小施工措施、降低工程造价的目的。

另外为确保结构整体安全，深化设计时，深化设计团队要与设计院协调配合，采用 Sap2000 和 MidasGen 相结合进行结构及施工过程验算（见图 9-7），分析结构受力性能，查找结构设计薄弱环节加以补充。

9.2.1.4   张拉返拱与滑移量预留

因为本张弦梁结构为预应力空间结构，当下弦索张拉时上弦空腹箱式梁起

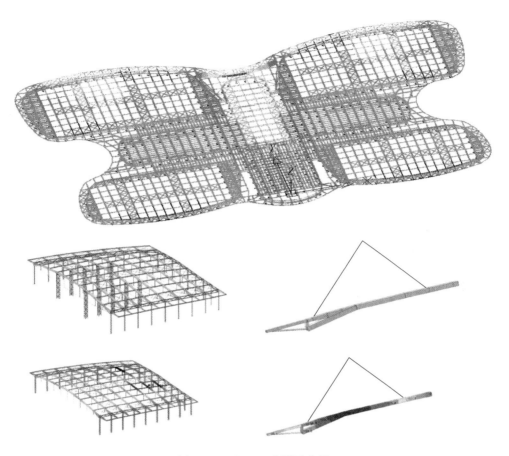

图 9-7　MidasGen 有限元分析

拱，滑动端进行平面内滑移。在深化设计时要考虑每榀张弦梁滑移距离，建模深化时将该部分距离提前预留在主钢梁上，如果不进行预留，则张弦梁张拉后（见图 9-8）就不能达到梁体支座形心与柱顶形心对位的设计要求。针对张弦梁起拱，通过本工程的施工经验，可以在张弦梁深化时加大上弦梁弧度，来补充张弦梁起拱的不足和解决张拉难度。

9.2.1.5　深化出图

在原设计图纸基础上利用 Sap2000、CAD、TEKLA、MidasGen 等深化设计软件对结构建模，深化出图（见图 9-9）。

图纸深化完成后由专业分包单位对深化设计图纸联合会签，并报送主设计院进行审核，审核通过后便可下发钢结构加工厂进行加工（见图 9-10）。

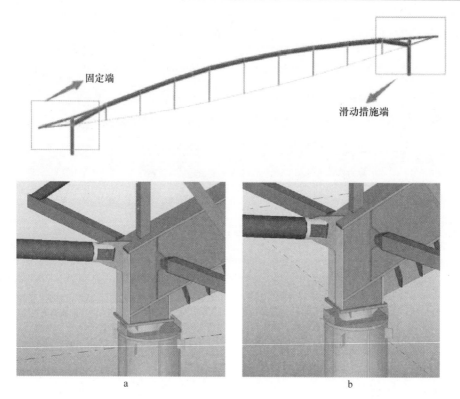

图 9-8　张弦梁预应力张拉

a—预应力张拉前；b—预应力张拉后

9.2.2　张弦梁加工

　　按照深化图纸要求及张弦梁建模分段情况，张弦梁加工主要分为两个主要部分，即端部张弦梁加工及跨中张弦梁加工，以下也针对这两部分的加工重点及质量管控要点进行详细描述。

　　因张弦梁上弦箱式钢梁钢板下料、整平、组对焊接、抛丸除锈、油漆喷涂等加工方法与箱型钢柱加工方法相同，在此就不一一赘述，本节只对加工比较复杂的端部节点及其质量控制要点进行描述。

9.2.2.1　端部节点加工

　　端部节点加工步骤如图 9-11 所示。

9.2.2.2　跨中张弦梁加工

　　跨中张弦梁加工主要指按照张弦梁高空原位拼装需求，拆分出的跨中张弦梁构件，该部分构件的加工要点是钢板曲率要满足深化设计要求及两侧坡口满足焊接要求。

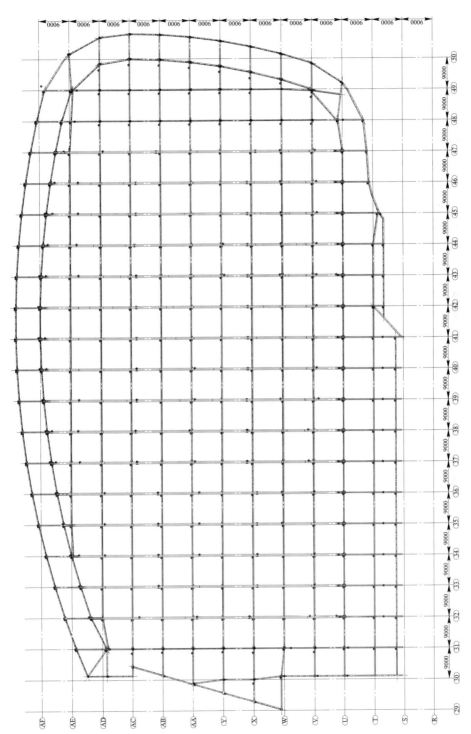

图 9-9　深化构件布置图

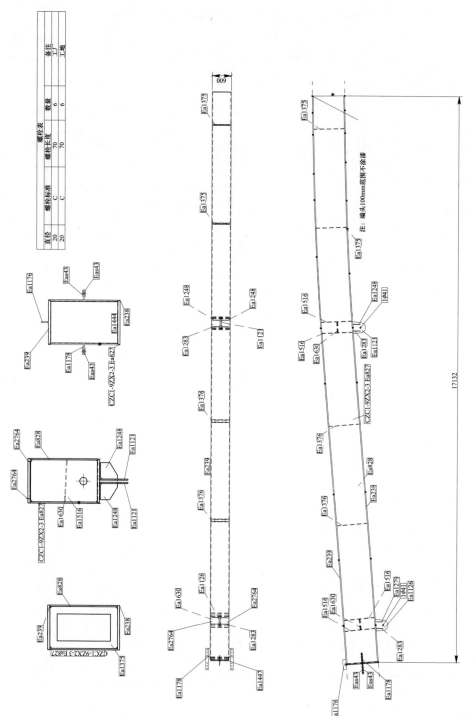

图 9-10　深化构件加工详图

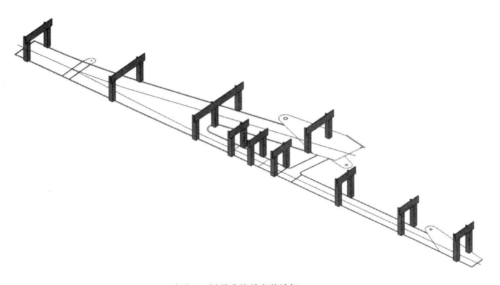

步骤 1：划基准线并安装胎架

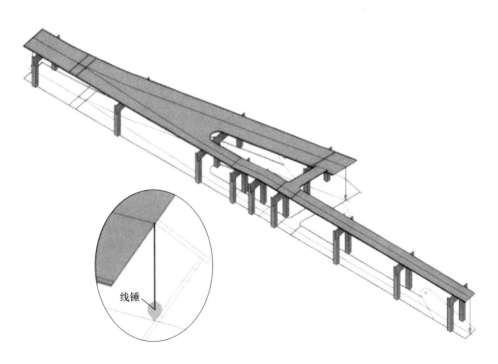

线锤

步骤 2：箱体底板的定位

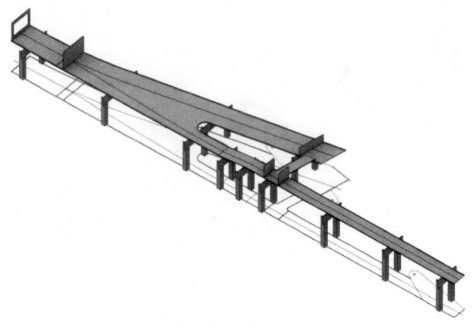

步骤 3：横隔板的定位组装

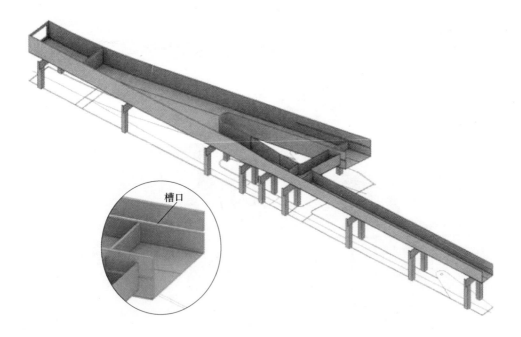

步骤 4：箱体腹板的定位组装

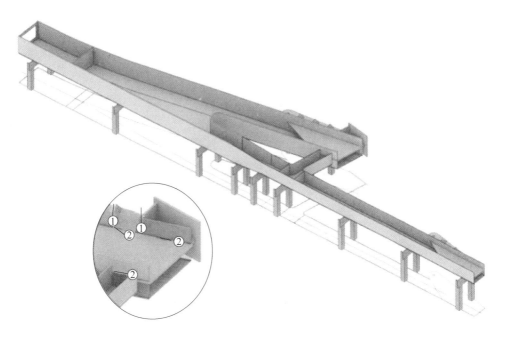

步骤 5：耳板的定位组装

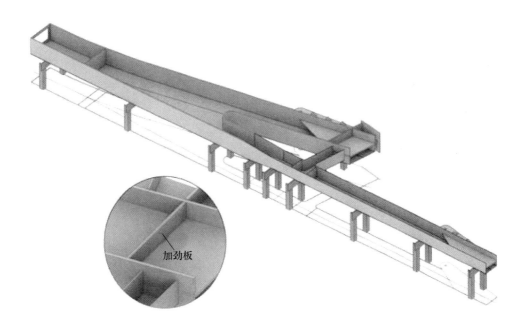

步骤 6：加劲板的定位组装

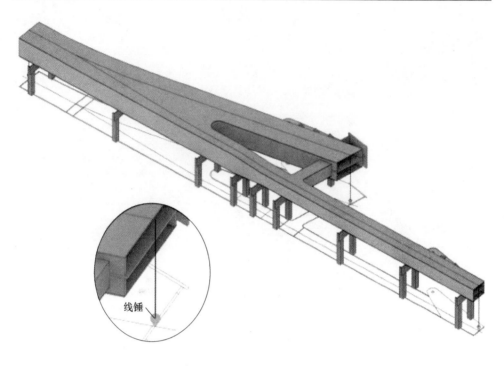

线锤

步骤 7：箱体盖板的定位组装

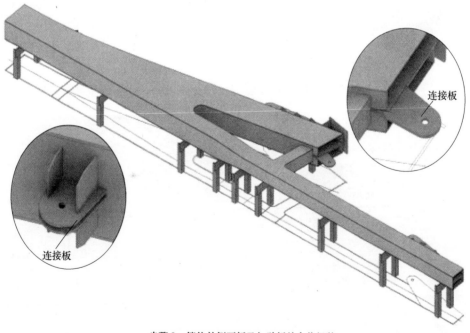

连接板

连接板

步骤 8：箱体外侧耳板及加劲板的定位组装

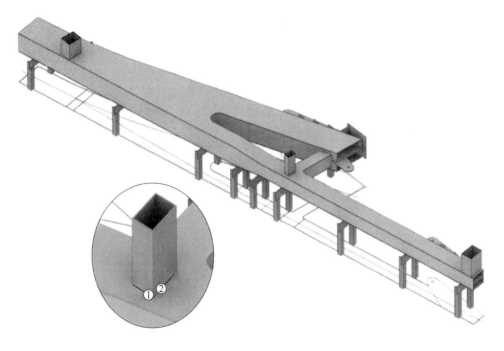

步骤 9：箱体上牛腿的定位组装

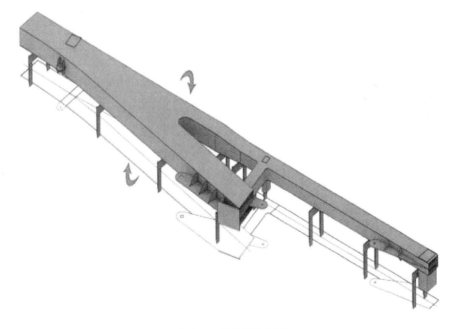

步骤 10：构件翻转及定位

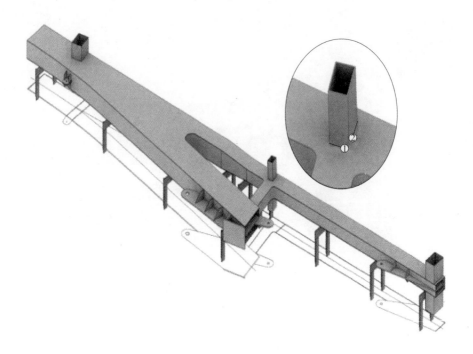

步骤 11：箱体牛腿的定位组装

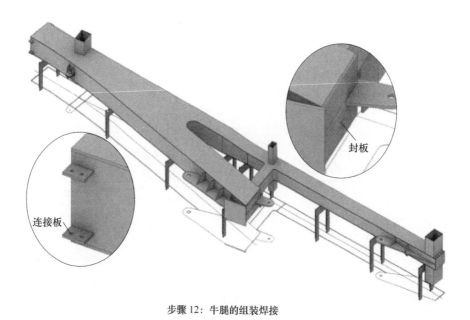

步骤 12：牛腿的组装焊接

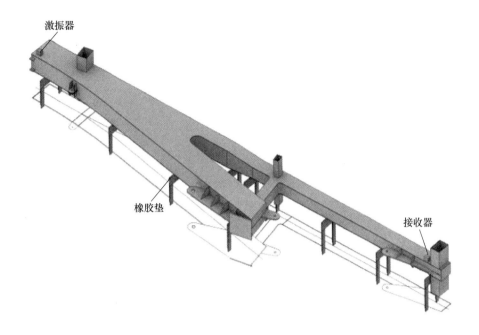

步骤13: 焊接应力消减

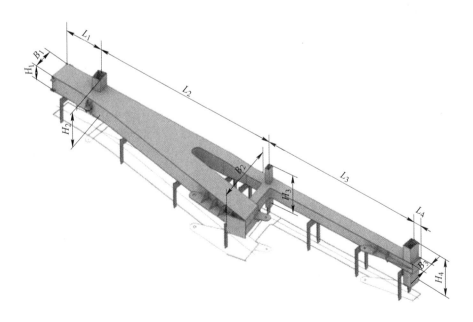

步骤14: 构件的整体检测（外观及 UT 探伤）

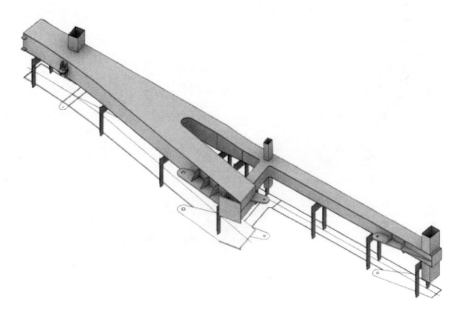

步骤 15: 构件冲砂涂装

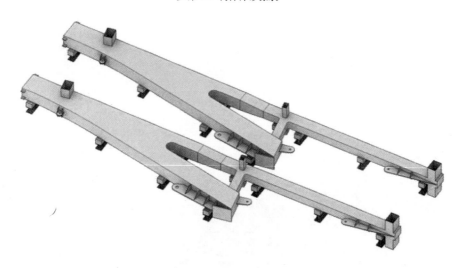

步骤 16: 构件喷涂及码放

图 9-11　端部节点加工步骤

因本张弦梁上弦空腹箱式梁为变截面弧形梁体，在跨中张弦梁加工时要采取精准的测量复核，确保跨中构件与两端构件精准对接，确保弧形张弦梁曲度平缓过渡。

跨中张弦梁加工步骤如图 9-12 所示。

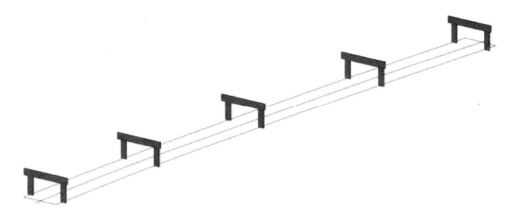

步骤1：基准线划线及胎架设置

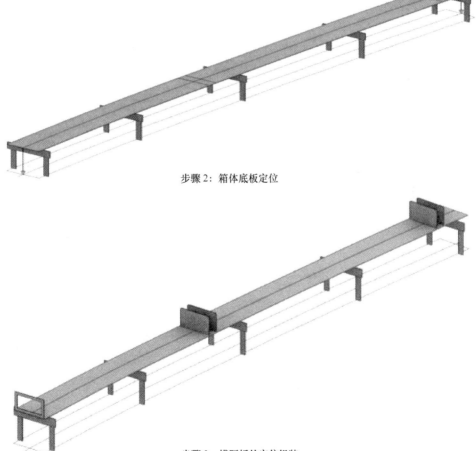

步骤2：箱体底板定位

步骤3：横隔板的定位组装

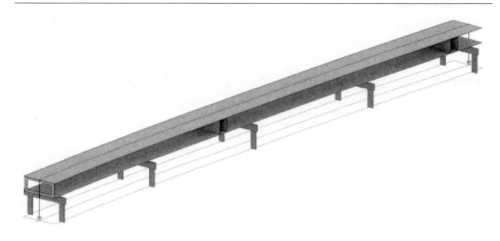

步骤 4：箱体盖板的定位组装

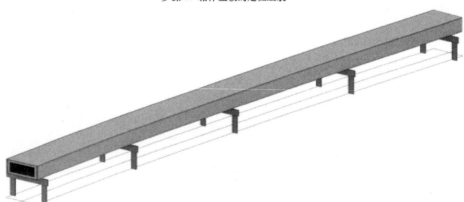

步骤 5：箱体腹板的定位组装

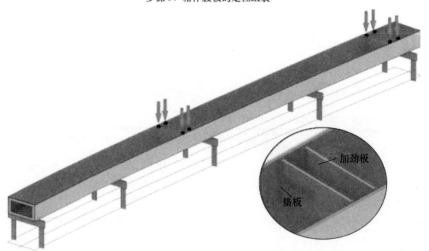

步骤 6：箱体内横隔板的定位组装焊接（电渣焊焊接）

步骤 7: 箱体端口端铣

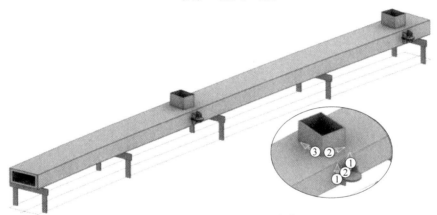

步骤 8: 箱体耳板定位组装焊接

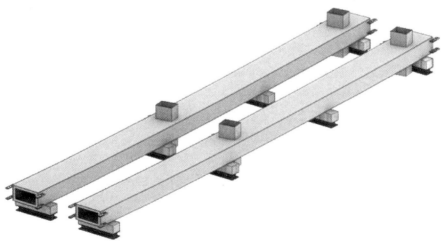

步骤 9: 箱体检查 UT 探伤抛丸涂装码放

图 9-12 跨中张弦梁加工步骤

9.2.2.3　张弦梁加工注意事项

（1）节点区域板件板厚分别有 16mm、20mm、30mm、35mm，为保证板件切割精度，采用等离子切割机进行板件切割下料。

（2）钢板切割时上下翼缘板为直线切割，完成后采用弯板机弯板，腹板均在原母材钢板上画出切割曲线，用等离子设备一次切割成型。

（3）节点拉索连接板拉索孔采用数控钻床进行钻制。

（4）耳板及拉锁穿孔耳板均为插入箱式梁内焊接成型。

（5）按设计深化图下料，并开制坡口，全熔透焊缝坡口和部分熔透焊缝坡口按设计图纸位置要求开制。

（6）拼装胎架搭设牢固、稳定，满足制作过程的要求；搭设高度为 1.0m，便于牛腿拼装和钢柱的翻身拼装。

（7）构件钢板经过校平机预处理，长、宽尺寸和对角线尺寸已检验合格。上道工序合格后才能进行下道工序的操作。

（8）隔板上胎架定位按划线定位，并用直角靠模板辅助定位，确保横隔板的垂直度，然后用角钢侧向临时固定（间距制作中定），要保证横隔板组装精度和稳定性。横隔板临时固定焊按照零件定位焊工艺要求施工。

（9）腹板安装：按划线定位，并用直角靠模板辅助定位，确保板的垂直度，然后用角钢侧向临时固定（间距制作中定），要保证横隔板组装精度和稳定性。两侧腹板采用千斤顶进行固定。纵腹板临时固定焊按照零件定位焊工艺要求施工。

（10）顶板覆盖：端口断面的尺寸按设计图纸要求组装，钢柱长度方向预留足够的加工余量，顶板与腹板点焊临时固定，按照零件定位焊工艺要求施工。

（11）外侧腹板安装：按划线定位，并用直角靠模板辅助定位，确保板的垂直度，然后用角钢侧向临时固定（间距制作中定），要保证横隔板组装精度和稳定性。纵腹板临时固定焊按照零件定位焊工艺要求施工。

9.2.2.4　张弦梁预拼装

为了确保张弦梁各分单元能精确无误地对接，需要在加工厂进行预拼装（见图 9-13），通过预拼装检查张弦梁加工精度及是否能精准对接。预拼装方法基本有两点：

（1）在加工厂根据张弦梁结构形态设置预拼装胎架，胎架距地高度为 1m（见图 9-14）

（2）张弦梁拼装时用全站仪全程复核张弦梁坐标定位。

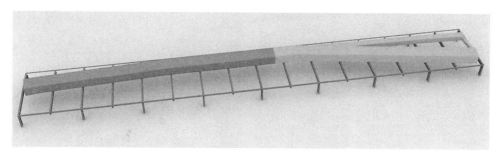

图 9-13 张弦梁厂内预拼装

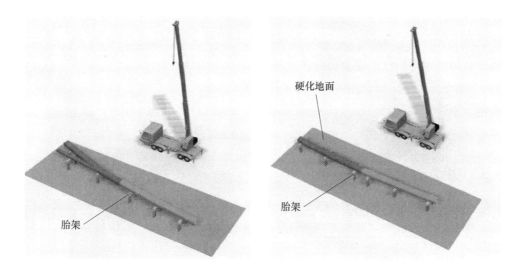

图 9-14 张弦梁卧拼胎架模拟

9.2.2.5 张弦梁运输

张弦梁喷涂完成后，对构件进行二维码信息采集和粘贴并进行打包。具备条件后进行运输。构件装车码放如图 9-15 所示，构件捆绑细节如图 9-16 所示。

运输注意事项：

（1）包装的产品须经产品检验合格，随车文件齐全，漆膜完全干燥。

（2）产品包装应具有足够强度，保证产品能够经受多次装卸、运输无损伤、变形、降低精度、锈蚀、残失，能安全可靠地运抵目的地。

（3）构件装运使用卡车、平板车等运输工具、装车时构件与构件、构件与车辆之间应妥善捆扎，以防车辆颠簸而发生构件散落。

（4）装车和运输过程中应注意保护构件，特别是一些较薄的连接板，应尽量避免与其他构件直接接触。

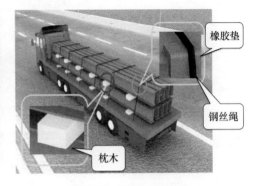

图 9-15　构件装车码放　　　　　图 9-16　构件捆绑细节

（5）构件发运前必须编制发运清单，清单上必须明确项目名称、构件号、构件数量及吨位，以便收货单位核查。

（6）运输销轴、铸钢件等散件采取封箱运输，且每箱数量不得超过箱子总容量的 80%。

9.3　张弦梁安装

9.3.1　安装思路与交底

张弦梁安装前根据既有的安装施工方案，梳理清晰安装思路，并依照安装思路扩展在安装过程中需要注意的各项问题。全部整合完成后，对项目管理人员及现场施工人员进行全面交底。此类交底不单单指技术交底，它还要涵盖物资进场、施工组织、材料检试验、UT 探伤、现场质量管控、商务成本管控、安全文明建设等环节，使参与现场施工的每一名人员都能清晰地认识安装工作各项流程及工作的重要性。

9.3.1.1　安装思路

本项目张弦梁跨度分为 45m、72m、90m 三种不同形式（见图 9-17），其中 90m 跨度最大，单体重量最重，结构造型最为复杂。本节就只针对 90m 跨度安装做详细描述。

A　张弦梁现场拼装

在地面放线并根据实际尺寸需求进行胎架布置；将钢梁段吊装放置在胎架上，调整尺寸完成焊接。安装撑杆并将撑杆与钢梁固定，方便后续翻身和吊装。

B　张弦梁分段吊装

对于 90m 跨的张弦梁结构，分 3 段吊装（见图 9-18），在张弦梁结构下方设置支撑架，地面拼装结构分段，拼装完成后，利用 150t/100t/50t 汽车吊吊装就位。吊装前根据分段位置布置支撑架,就位后使用倒链将撑杆缓慢放至垂直位置。焊接张弦梁并安装连系次梁,穿索并进行张拉。

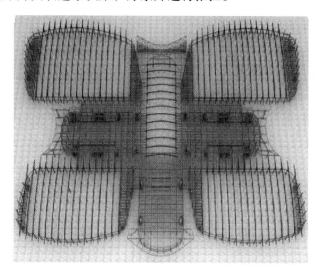

图 9-17 张弦梁分布区域

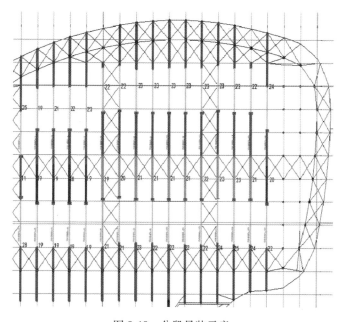

图 9-18 分段吊装示意

C 90m 跨安装

90m 跨张弦梁卧拼为 3 段,采用 150t/100t 汽车吊在支撑架上拼装、挂索。

每两榀安装完成后连接钢次梁，将两榀连接为一组，进行张拉。张拉完成后，与相邻组榀之间钢系杆进行连接。依次完成每区所有张弦梁安装，张拉完成后进行钢拉杆安装，并将外侧两榀张弦梁与两侧桁架结构连接。

D 后补杆件

根据设计要求，本区域张弦梁第一榀与最后一榀分别与其外侧桁架连接，但张弦梁是柔性预应力结构，桁架为刚性结构，待屋面结构载荷全部加载完成后，这两榀张弦梁将有近 60mm 的下挠量，如果这两榀张弦梁通过刚性次梁提前将张弦梁与其外侧桁架焊接，则随着屋面加载极容易将其拉裂，因此该部位要采用铰接接点并最后焊接，待全部张弦梁安装完成后局部调整各榀索力平衡，对铰支座进行焊接，安装后补杆件（铰接），待金属屋面施工完成后，张弦梁拱度减小，与相邻结构高差小于 60mm，焊接后补杆件铰接节点。

9.3.1.2 安装交底

方案论证通过后，项目总工及技术人员将联合项目经理、生产经理、物资经理、质量总监、安全总监、商务经理、机电经理等对方案进行分析研讨，在原有方案的基础上确立各部门的工作要点及主要工作思路。确定完成后由项目总工对思路进行整合。

按照整合好的方案对各部门进行方案交底（见图 9-19）。方案交底完成后，由项目总工组织技术、测量、试验、资料、质检、工长、物资、安全、商务、机电等各部门负责人对专业分包进行全方位、全覆盖的施工交底，并形成会签。

图 9-19 交底影像资料

9.3.2 场地规划选择

要组织好钢结构张弦梁的安装，施工现场场地的布置及如何利用好现有场地组织好施工是施工能否顺利进行的关键，现场施工组织者（生产部门）要明确张弦梁如何吊装，由内向外如何平移推进，哪进哪出，安全文明如何把控。

9.3.2.1 布置原则

（1）根据工程特点和现场周边环境的特征，充分利用现有施工现场的场地和布置，做好总平面布置规划，满足生产、文明施工要求。

（2）做好现场平面布置和功能分区，对现有临建及管线进行调整。

（3）加强现场平面布置的分阶段调整，科学确定施工区域和场地平面布置，尽量减少专业工种之间交叉作业，提高劳动效率。

（4）加强平面施工的检查及监督整改，保证场内施工道路通畅。

（5）各项施工设施布置要满足方便生产、有利生活、安全防火、环境保护和劳动保护要求。

（6）由于施工现场的场地非常有限，现场仅布置少量的办公用房、必要的材料堆场、拼装场地，且根据不同施工阶段进行必要的移位调整。

（7）合理布置现场，规划好施工拼装场地和进出通道，减少运输费用和场内二次倒运。

（8）既要满足施工，方便施工管理，又要能确保施工质量、安全、进度和环保的要求，不能顾此失彼。

（9）应在允许的施工用地范围内布置，避免扩大用地范围，合理安排施工程序，分期进行施工场地规划，将施工道口交通及周围环境影响程度降至最低，将现有场地的作用发挥到最大化。

（10）施工布置需整洁、有序，同时做好施工防噪措施，创建文明施工工地。

9.3.2.2 布置依据

（1）现场已完工建筑、设施、预留地、电源位置及进出通道。

（2）钢结构施工进度计划及资源需用量计划。

（3）安全文明施工和环境保护要求。

9.3.2.3 布置图

布置图如图 9-20 所示。

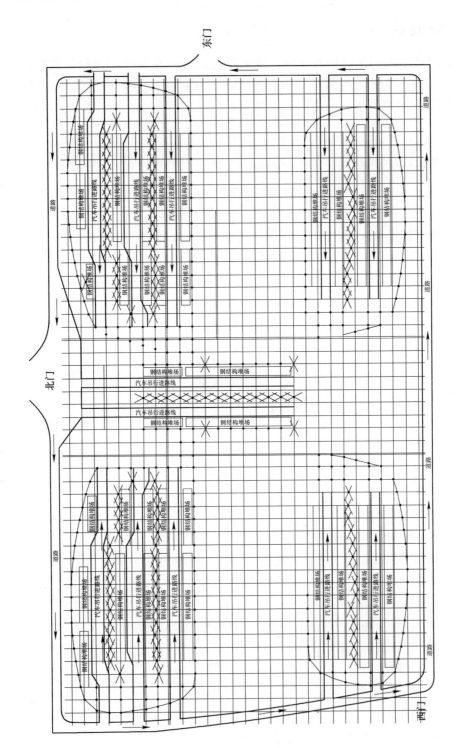

图 9-20　平面布置图

9.3.3　安装机具

张弦梁结构吊装属于大型钢结构安装工程的主要部分，在施工前必须具有完善的施工机具，且要特别注意需要做检测的设备例如测量设备、焊接设备、焊接材料、吊装设备等要做好充足的安全检查和性能检查。

9.3.3.1　吊装设备

吊装设备见表9-2。

表9-2　吊装设备

序　号	设备名称	设备型号	数量	状态	用　途
1	汽车吊	150t	2	完好	吊装
2	汽车吊	100t	10	完好	吊装
3	汽车吊	50t	12	完好	吊装
4	汽车吊	25t	12	完好	吊装
5	平板车	13.5m	4	完好	倒运
6	铰刀	—	5	完好	扩孔
7	防坠器	—	40	完好	防坠落
8	灭火器	—	50	完好	灭火
9	钢丝绳	多种	若干	完好	吊装
10	麻绳	多种	若干	完好	溜绳
11	对讲机	—	40	完好	沟通、指挥
12	卡环	—	若干	完好	吊装
13	千斤顶	多种	40	完好	校正
14	砂轮切割机	400型	2	完好	切割
15	磨光机	S1M-SCD-125	50	完好	打磨
16	磁力钻		2	完好	钻孔
17	工地照明用电	—	30	完好	照明
18	火焰割枪		20	完好	切割
19	倒链	多种	60	完好	校正

9.3.3.2　焊接设备

焊接设备见表9-3。

表 9-3   焊接设备

序　号	设备名称	设备型号	数量	状态	用　途
1	CO_2 电焊机	ZP7-500	80	完好	焊接
2	直流焊机	ZX7-400	8	完好	焊接
3	碳弧气刨机	ZX5-630	3	完好	修复
4	烘干箱	YGCH-X-400	2	完好	烘烤
5	空压机	HZX-40	5	完好	喷涂

9.3.3.3   测量设备

测量设备见表9-4。

表 9-4   测量设备

序号	设备名称	规格型号	数量	精度	出厂日期	用　途
1	全站仪	TCR	5	1″	新购	高程、平面测量
2	经纬仪	TDJ2	6	2″	新购	轴线、垂直度
3	水准仪	DSZ2	5	S3	新购	高程测量
4	激光准直仪	Feica	2	1/20000	新购	控制网传递
5	钢卷尺	5m	30	1mm	新购	长度测量
6	盘尺	50m	5	—	新购	—
7	游标卡尺	125mm	10	0.1mm	新购	孔距测量
8	温湿度计	—	5	—	新购	环境测量
9	水平尺	GWP-91A	30	—	新购	水平度
10	超声波探伤仪	HY28	5	—	新购	焊缝探伤

9.3.3.4   索施工工具设备

索施工工具设备见表9-5。

表 9-5   索施工工具设备

序号	设备名称	规格型号	单位	功率	数量	使用时间	备　注
1	夹板	ϕ32mm	套	—	若干	—	—
2	滑轮组	3×3	套	—	若干	—	—
3	工具绳	15.5mm	m	—	2000	—	—
4	扣绳	ϕ28mm	根		26	—	—

序号	设备名称	规格型号	单位	功率	数量	使用时间	备　注
5	展索盘	—	台	—	1	—	—
6	展索小车	—	个	—	30	—	—
7	千斤顶	150t	台	—	4	—	张拉千斤顶
8	提升千斤顶	30t	台	—	2	—	提升千斤顶
10	其他工具	—	套	—	若干	—	—
11	手扳葫芦	—	套	—	若干	—	—
12	起重机扳卡子	—	副	—	若干	—	—
13	卷扬机	5t	台	—	1	—	—
14	卡扣组	—	套	—	若干	—	—
15	提升支架	—	套	—	2	—	—
16	工装着力架	D82 索	套	—	2	—	—
17	工装着力架	D80 索	套	—	2	—	—
18	工装着力架	D56 索	套	—	2	—	—
19	工装着力架	D68 索	套	—	2	—	—

9.3.3.5 安装措施材料

安装措施材料见表 9-6。

表 9-6　安装措施材料

名称	规格	数量	单位	用途	备　注
铰接连杆	P219×6	36	根	张弦梁高空拼装临时连接	在张弦梁高空就位后及时使用铰接连杆，确保张弦梁段的就位稳定性

9.3.3.6 周转材料

周转材料见表 9-7。

表 9-7　周转材料

序号	名称	规格	数量	单位	用途	备　注
1	标准节	1.5×1.5×2.2	2000	m	张弦梁高空拼装支架	设置成 Ⅱ 型支架，钢索从中间穿过
2	桁架拼装胎架	型钢加钢板	115	t	张弦梁卧拼	—
3	路基板	1.2m×6m	20	张	地下室顶板铺设	—

9.3.3.7　劳动防护材料

劳动防护材料见表9-8。

表 9-8　劳动防护材料

名称	数量	单位	用途	备　　注
自制挂篮	30	个	高空挂索焊接作业	挂篮长度根据挂点位置可进行适当调节,保证挂索过程中施工人员的方便操作

9.3.4　吊车选择

根据张弦梁分段要求,分析最不利工况状态下,最大构件重量及安装位置,选择科学合理的起重车辆。吊装工况立面图如图9-21所示。

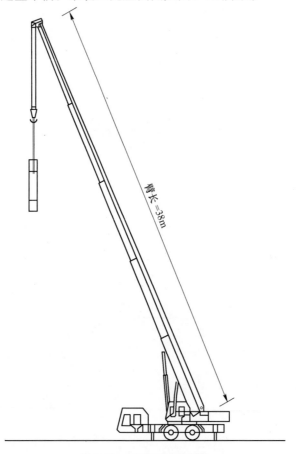

图 9-21　吊装工况立面图

最好起重吨位有 15%~20% 的保险系数，严禁超吨位吊荷。

按照 90m 最大跨度张弦梁分析，张弦梁结构最不利工况为张弦梁 ZXL90-1 一吊装分段，分段重量约 28.2t，提升高度为 22m，需选取 150t 汽车吊进行吊装，主臂长 42.4m，吊装半径为 10m，此时，吊机的额定起重量为 31.0t，大于 28.2t，完全满足吊装要求。

150t 吊车参数见表 9-9。

表 9-9　150t 吊车参数

支腿全伸，10t 配重，侧方、后方作业

工作幅度/m	13.0	17.2	21.4	25.6	29.8	34.0	38.2	42.4	46.6	50.8	55.0	59.0	工作幅度/m
3.0	130000	110000	98000										3.0
3.5	120000	110000	98000	83000									3.5
4.0	110000	100000	94000	83000	67000								4.0
4.5	100000	93000	90000	81000	67000	58000							4.5
5.0	90000	86000	84000	79000	65000	56000							5.0
5.5	80000	80000	78000	77000	63000	53000	43500						5.5
6.0	75000	75000	75000	75000	60000	50000	43500						6.0
7.0	62000	62000	62000	62000	54000	48000	43500	35000					7.0
8.0	47000	47000	47000	47000	47000	45000	40000	35000	30000				8.0
9.0	37000	37000	37000	37000	37000	38000	37000	33000	28500	24000			9.0
10.0	30000	30000	30000	30500	30500	31500	32500	31000	27000	23000	18000		10.0
11.0		25200	25000	26000	25600	26600	27600	27800	25500	22000	18000	15000	11.0
12.0		21300	21100	22100	21700	22700	23700	23800	24000	21000	18000	14500	12.0
14.0		15700	15500	16500	16100	17000	17900	18000	18300	18600	17000	13900	14.0
16.0			11600	12600	12200	13100	13900	14000	14300	14700	15200	13200	16.0
18.0			8800	9800	9400	10300	11100	11200	11400	11800	12300	12400	18.0
20.0				7600	7200	8100	8900	9000	9200	9600	10000	10100	20.0
22.0				5900	5500	6400	7200	7300	7500	7900	8300	8400	22.0
24.0					4100	5000	5800	5900	6100	6500	6900	7000	24.0

100t 吊车参数见表 9-10。

表 9-10 100t 吊车参数

工作幅度/m	主臂								
	支腿全伸，侧方、后方作业								
	13.0	17.8	22.5	27.2	31.9	36.6	41.3	46.0	50.4
3.0	100000	80000							
3.5	92000	77000	62000						
4.0	85000	72000	62000						
4.5	76000	67000	61000	42000					
5.0	70000	62000	60000	42000	40000				
5.5	63000	56500	56000	42000	39000				
6.0	57000	52000	52000	42000	37500	31500			
6.5	51500	48200	48200	40500	35800	31000			
7.0	47000	45000	45000	39000	34500	29500			
7.5	42000	41500	41000	37000	33000	28700			
8.0	37600	37000	36500	35500	31800	27600	23500		
9.0	29900	29600	29300	30800	29500	25700	22000	18500	
10.0	24000	23700	23500	25000	25800	24000	20800	17500	
11.0		19600	19400	20800	21500	21500	19500	16500	14000
12.0		16400	16300	17600	18500	18500	18500	15900	13200
14.0		11700	11600	13000	13900	14300	14500	14500	12200
16.0			8300	9700	10500	11000	11200	11400	11200
18.0			5900	7200	8100	8800	9200	9400	9600
20.0				5400	6300	6800	7200	7500	7700
22.0				3900	4800	5400	5800	6200	6400
24.0				3600	4300	4700	5000	5200	
26.0				2500	3300	3700	4000	4300	
28.0				1700	2500	2800	3200	3500	
30.0					1500	1900	2500	2800	
32.0					1000	1500	1800	2200	
34.0						1000	1300	1700	
36.0							800	1200	
38.0								800	
倍率	14	11	9	6	6	5	5	3	3

50t 吊车参数见表9-11。

表 9-11 50t 吊车参数

不支第五支腿，吊臂位于起重机前方或后方；支起第五支腿，吊臂位于侧方、后方、前方

工作半径/m	主臂长度/m				
	10.70	18.00	25.40	32.75	40.10
3.0	50.00				
3.5	43.00				
4.0	38.00				
4.5	34.00				
5.0	30.00	24.70			
5.5	28.00	23.50			
6.0	24.00	22.20	16.30		
6.5	21.00	20.00	15.00		
7.0	18.50	18.00	14.10	10.20	
8.0	14.50	14.00	12.40	9.20	7.50
9.0	11.50	11.20	11.10	8.30	6.50
10.0		9.20	10.00	7.50	6.00
12.0		6.40	7.50	6.80	5.20
14.0			5.10	5.70	4.60
16.0			4.00	4.70	3.90
18.0			3.10	3.70	3.30
20.0			2.20	2.90	2.90
22.0			1.60	2.30	2.40
24.0				1.80	2.00

25t 吊车参数见表9-12。

表 9-12 25t 吊车参数

工作半径/m	吊臂长度/m						
	10.2	13.75	17.3	20.85	24.4	27.95	31.5
3	25	17.5					
3.5	20.6	15.7	12.2	9.5			
4	18	17.5	12.2	9.5			
4.5	16.3	15.3	12.2	9.5	7.5		
5	14.5	14.4	12.2	9.5	4.5		

续表 9-12

工作半径 /m	吊臂长度/m						
	10.2	13.75	17.3	20.85	24.4	27.95	31.5
5.5	13.5	13.2	12.2	9.5	7.5	7	
6	12.3	12.2	11.3	9.2	7.5	7	5.1
6.5	11.2	11	10.5	8.8	7.5	7	5.1
7	10.2	10	9.8	8.5	7.2	7	5.1
7.5	9.4	9.2	9.1	8.1	6.8	6.7	5.1
8	8.6	8.4	8.4	7.8	6.6	6.4	5.1
8.5	8	7.9	7.8	7.4	6.3	7.2	5
9		7.2	7	6.8	6	6.1	4.8
10		6	5.8	5.6	5.6	5.3	4.4
12		4	4.1	4.1	4.2	3.9	3.7

9.3.5　张弦梁卧拼

9.3.5.1　卧拼流程

张弦梁卧拼是指在张弦梁下方，距离安装位置水平距离 3m 处布置卧拼平台，将加工厂加工完毕成段的箱式梁在卧拼平台上焊接成吊装单元（90m 跨度分 3 个吊装单元）。其主要的工作包括运输构件到场的检验、拼装平台搭设与检验、构件组拼、焊接、吊耳及对口校正卡具安装、中心线及标高控制线标识、吊装单元验收等。

主要的工作流程如图 9-22 所示。

9.3.5.2　卧拼场地要求

张弦梁现场卧拼对场地要求比较严格，为防止卧拼时各小单元标高及坐标不好控制，卧拼平台必须坐落于硬化地面上，且要根据卧拼构件的最大重量，确定地面要满足最大重量的承载力。经过计算，本项目卧拼载荷大小为 30~50kN/m²。

9.3.5.3　卧拼胎架设计

根据构件体型特征设置不同的拼装胎架（见图 9-23）。但拼装胎架设置主要应满足以下三个原则：

（1）必须满足强度要求（一般采用 H450×200×9×14 的 H 型钢做平台主材）。

（2）必须满足稳定性要求（一般根据构件弯弧形态采用 H 型钢焊接成 6m 一个支腿的平台床）。

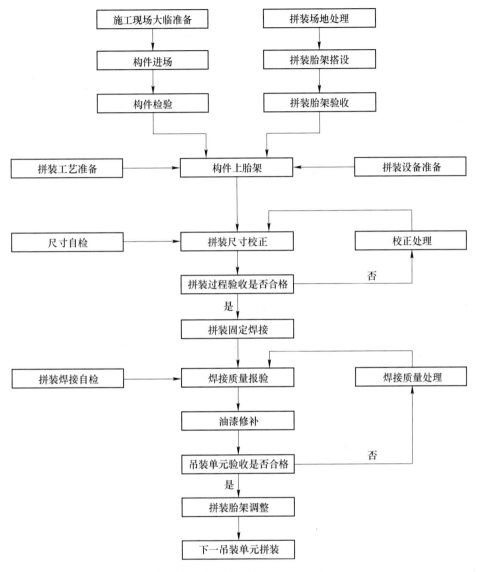

图 9-22　张弦梁卧拼的工作流程

（3）必须方便现场拼装（卧拼平台设置在吊装区域 3～5m 位置，确保吊车在平台床上吊起构件直接可以安装在既定支座上，不宜倒钩）。

9.3.5.4　卧拼施工

（1）放线并布置胎架：胎架距离地面高度 1m，方便仰焊焊接。卧拼模拟见图 9-24，根据实际拼装尺寸进行放线并布置支撑胎架。胎架横杆避开张弦梁拼装焊接位置及支撑杆连接位置。

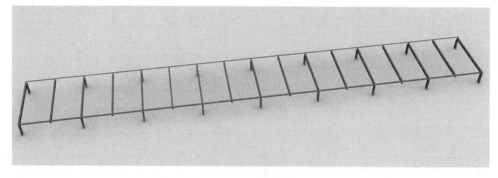

图 9-23　拼装胎架

（2）钢梁段吊装焊接：张弦梁分段吊装至胎架上，根据放线位置摆放；就位后通过点焊的方法将焊缝临时连接；连接完成后进行张弦梁的尺寸复测，保证尺寸的精度；复测合格后进行焊接，焊接顺序为从焊道对角线两个位置顺时针对称施焊。卧拼实况见图 9-25。

胎架

图 9-24　卧拼模拟

图 9-25　卧拼实况

（3）焊接完成 24h 后进行 UT 探伤，张弦梁主梁均为一级焊缝，100%探伤。

9.3.5.5　卧拼测量

A　建立测量控制点

制作胎具之前，必须用水平仪全面测量平台基准面的水平，并做好记录，根据数据及实际情况，确定测量基准面的位置，并做好标志。在确定支架点的高度时将该点的测量值考虑其中，标高误差≤±3.0mm。用全站仪测量胎具的垂直度，垂直度≤$h/1000$，且不大于 5mm，主要控制点为定位点的标高。

钢梁卧拼时标高控制采用 20t 级液压千斤顶进行下部回顶操作。

用水平仪、全站仪、水平尺、钢尺对上述项目进行实际检查。

B 校正和调整用卡、器具

矫正主要采用千斤顶，必要时拆下使用火工。

C 测量工具

（1）跨距：测量工具为钢尺。

（2）中心线及位移：测量工具为经纬仪器、水准仪、全站仪、钢尺。

（3）标高：测量工具为经纬仪器、水准仪、全站仪、钢尺。

（4）起拱度：测量工具为经纬仪器、水准仪、全站仪、钢尺。

9.3.5.6 卧拼焊接

卧拼焊接主要是指在胎架上各小段梁的焊接，该部分梁的焊接分为立焊、平焊、仰焊。焊接顺序为先焊立焊→再焊平焊→最后焊仰焊。

焊接方式：CO_2 气体保护焊。具体焊接内容详见 9.3.10 节张弦梁焊接部分。张弦梁焊接与探伤如图 9-26 所示。

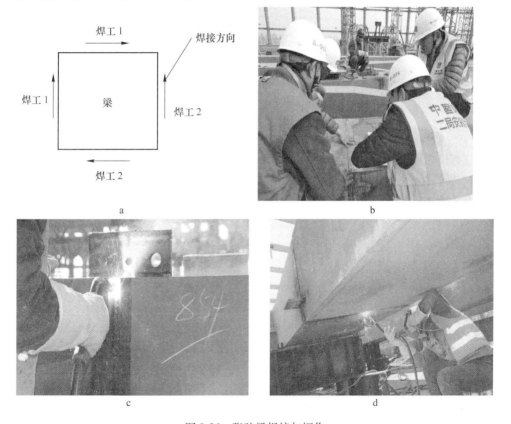

图 9-26 张弦梁焊接与探伤

a—焊接顺序；b—焊后质量检查（UT）；c—卧拼立焊；d—卧拼仰焊

9.3.6　吊耳与钢丝绳选择

张弦梁吊耳焊接在张弦梁梁体上，是在卧拼完成后，根据深化模拟计算在该段梁体上设置的供吊装用的工艺耳板，耳板的设置及材料选择必须根据所吊载荷大小经过严格的计算得来，钢丝绳同样也是如此。在本张弦梁吊耳的选择上与前面所介绍的钢柱及钢梁的吊耳不同，张弦梁载荷较大，吊耳必须设置成双吊耳以满足载荷要求。以下以本项目为例说明吊耳的计算与设置（见图9-27）。

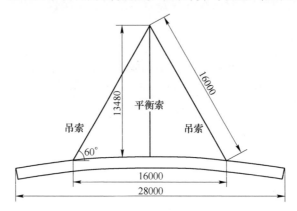

图 9-27　双吊耳吊装设置

9.3.6.1　吊耳选择

深化模型对比，单根张弦梁段最大重量为 28.2t，长度为 28m。考虑两个吊点，每个吊点双吊耳（见图9-28）。

图 9-28　双吊耳吊装

单吊耳吊重考虑 1.2 倍不均衡系数，取 10t。根据《钢结构工程施工规范》（GB 50755—2012），卡环选型：选取 D 型 16t 规格卡环，卡环吊重为16t，销轴直径为 45mm，卡环高度为112mm。吊耳选型：吊耳材质选用Q345B 材质，孔半径 30mm，吊耳外半径为 100mm，如图 9-29 所示。

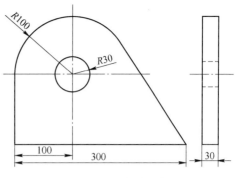

图 9-29　吊耳尺寸

因此由拉曼公式有：

$$\sigma = \frac{kF(R^2 + r^2)}{\cos 45° \delta d(R^2 - r^2)} = 72.47\text{MPa} < [f] = 170\text{MPa}(满足)$$

焊缝三向应力（第四强度理论）为：

$$\sigma = 74.72\text{MPa} < [\sigma] = 295\text{MPa}(满足)$$

钢丝绳选型：选用 6×19+FC 钢丝绳，直径 36mm，则钢丝绳最小破断力为 714kN；

$$[P] = \frac{[p_{破}]\varphi_{修}}{K} = 101.15\text{kN}(满足吊装要求：安全系数取 6，修正系数取 0.85)。$$

对 90m 跨区较小 76m 张弦梁中最长段进行吊装复核，长度 39m，重量 26t（见图 9-30）。

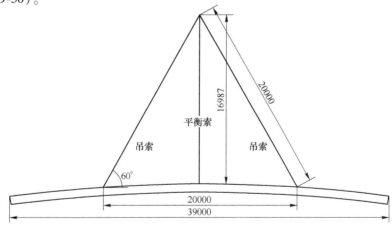

图 9-30　吊装复核

两边吊点双吊耳，吊耳规格同上，单吊耳吊重考虑 1.2 倍不均衡系数，取 9t < 10t，满足吊装要求。

9.3.6.2　钢丝绳选择

钢丝绳选择见表 9-13。

表 9-13　钢丝绳选择

（钢丝绳结构：6×19S+FC，6×19S+IWR，6×19W+FC，6×19W+IWR）

钢丝绳公称直径 d/mm	允许偏差/%	钢丝绳近似重量 /kg·100m⁻¹ 天然纤维芯钢丝绳	合成纤维芯钢丝绳	钢芯钢丝绳	钢丝绳公称抗拉强度/MPa — 钢丝绳最小破断拉力/kN　1470 纤维芯钢丝绳	1470 钢芯钢丝绳	1570 纤维芯钢丝绳	1570 钢芯钢丝绳	1670 纤维芯钢丝绳	1670 钢芯钢丝绳	1770 纤维芯钢丝绳	1770 钢芯钢丝绳	1870 纤维芯钢丝绳	1870 钢芯钢丝绳
6	+6 / 0	13.30	13.00	14.60	17.40	18.80	18.60	20.10	19.80	21.40	21.00	22.60	22.20	23.90
7		18.10	17.60	19.90	23.70	25.60	25.30	27.30	27.00	29.10	28.60	30.80	30.20	32.60
8		23.60	23.00	25.90	31.00	33.40	33.10	35.70	35.30	38.00	37.30	40.30	39.40	42.60
9		29.90	29.10	32.80	39.20	42.30	41.90	45.20	44.60	48.10	47.30	51.00	49.90	53.90
10		36.90	36.00	40.50	48.50	52.30	51.80	55.80	55.10	59.40	58.40	63.00	61.70	66.50
11		44.60	43.50	49.10	58.60	63.30	62.60	67.60	66.60	71.90	70.60	76.20	74.60	80.50
12		53.10	51.80	58.40	69.80	75.30	74.60	80.40	79.30	85.60	84.10	90.70	88.80	95.80
13		62.30	60.80	68.50	81.90	88.40	87.50	94.40	93.10	100.00	98.70	106.00	104.00	112.00
14		72.20	70.50	79.50	95.00	102.00	101.00	109.00	108.00	116.00	114.00	123.00	120.00	130.00
16		94.40	92.10	104.00	124.00	133.00	132.00	143.00	141.00	152.00	149.00	161.00	157.00	170.00
18		119.00	117.00	131.00	157.00	169.00	167.00	181.00	178.00	192.00	189.00	204.00	199.00	215.00
20		147.00	144.00	162.00	194.00	209.00	207.00	223.00	220.00	237.00	233.00	252.00	246.00	266.00
22		178.00	174.00	196.00	234.00	253.00	250.00	270.00	266.00	287.00	282.00	304.00	298.00	322.00
24		212.00	207.00	234.00	279.00	301.00	298.00	321.00	317.00	342.00	336.00	362.00	355.00	383.00
26		249.00	243.00	274.00	327.00	353.00	350.00	377.00	372.00	401.00	394.00	425.00	417.00	450.00
28		289.00	282.00	318.00	380.00	410.00	406.00	438.00	432.00	466.00	457.00	494.00	483.00	521.00
(30)		332.00	324.00	365.00	436.00	470.00	466.00	503.00	495.00	535.00	525.00	567.00	555.00	599.00
32		377.00	369.00	415.00	496.00	535.00	530.00	572.00	564.00	608.00	598.00	645.00	631.00	681.00
(34)		426.00	416.00	469.00	560.00	604.00	598.00	646.00	637.00	687.00	675.00	728.00	713.00	769.00
36		478.00	466.00	525.00	628.00	678.00	671.00	724.00	714.00	770.00	756.00	816.00	799.00	862.00
(38)		532.00	520.00	585.00	700.00	755.00	748.00	807.00	795.00	858.00	843.00	909.00	891.00	961.00
40		590.00	576.00	649.00	776.00	837.00	828.00	894.00	881.00	951.00	934.00	1000.00	987.00	1060.00

注：1. 最小钢丝破断拉力总和=钢丝绳最小破断拉力×1.214（纤维芯）或1.308（钢芯）。

2. 新设计设备不得选用括号内的钢丝绳直径。

9.3.7 支撑架安装

通过对目前国内大跨度钢结构安装方法的调研与分析，目前大跨度钢结构高空安装支撑架主要有两种形式，即满堂红脚手架与格构式支撑架。满堂红脚手架适用于覆盖面积广的网架及桁架结构。而对于本工程类似的单支大跨度钢结构比较适合采用格构式支撑架安装体系。

支撑架体的选择是根据所承载的上部构件的规格形态、载荷重量及安装需求所决定的。选择何种支撑架体，要结合施工现场实际，经过严格的载荷计算，满足要求后方可安装实施。本部分内容针对本张弦梁结构选择的格构式支撑架的设置、安装、载荷计算、有限元受力分析等进行详细描述。

9.3.7.1 支撑架设置

（1）格构式支撑架使用塔吊标准节作为支撑的主要材料（见图9-31，可周转使用）。

（2）支撑标准节安装在双"X"基础上，双"X"基础使用HW200×200×8×12型钢材料焊接成型（见图9-32）。

（3）为满足载荷要求，每组支撑架由两个塔吊标准节单元组成，且两个塔吊标准节单元中间留设500mm缝隙，作为穿索通道。

（4）支撑架两组在上下两端各为一个支撑点，下部共同安装在双"X"支架上，上部放置操作支撑平台，并用操作平台将两组单元标准架连在一起。平台与支撑之间使用安装螺栓进行连接，工字支撑与平台之间焊接（见图9-33、图9-34）。

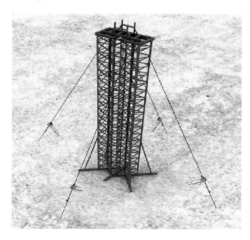

图9-31 支撑架模拟图

图9-32 下部连接基础

图 9-33　上部连接形式

图 9-34　上部安全操作平台

（5）双"X"基础与硬化地面使用机械锚栓或在地面植筋，通过钢拉环环抱 H 型钢与地面植筋焊接连接，支撑四周设置缆风绳（$\phi12mm$）。

（6）根据计算要求，在支撑架四角支撑点设置斜向抛撑，抛撑上部与支撑架环抱螺栓栓接，下部与双"X"基础焊接连接。

（7）支撑架安装完成后，由测量员实时进行垂直度、位移等检测，垂直偏差要求<$L/1000$。支撑架实况见图 9-35。

图 9-35　支撑架实况图

9.3.7.2　支撑架周转

待两组张弦梁张拉完成后，张弦梁上弦空腹箱式梁与支撑结构分离，也象征着该支撑架使用结束，随后拆除平台周围挡板，拆除连接螺栓，将上部操作平台使用汽车吊移出张弦梁下方，吊起拆除；标准节由中间约 1/3 位置拆除成三段，每段不超过 10m，使用汽车吊拆除，放置于靠近安装位置汽车吊站位能够覆盖且在安全范围内（见图 9-36）。

a   b

图 9-36 支撑架周转倒运

a—支撑架拆除；b—支撑架倒运

支撑架操作平台支撑 H 型钢架设计成可调节形式，因不同弧度张弦梁可调节不同高度，从而满足不同弧度张弦梁对接，形成可周转安全操作平台。

9.3.7.3 支撑架内力有限元分析

A 地面承载力计算

支撑架直接作用于地面上，在设计支撑架时（见图 9-37）必须充分计算地面

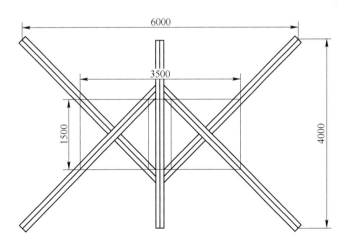

图 9-37 支撑架设计分析图

承载力是否能满足最不利工况条件下的承载力。以本项目为例：地面设计承载力为 $30 \sim 50 \text{kN/m}^2$，支撑架底座有效作用面积为：

$$s = 6 \times 4 = 24 \text{m}^2$$

总压力载荷为：

$$F = 8.2 \times 4 + 5.2 \times 4 = 53.6 \text{t} = 536 \text{kN}$$

$$\frac{F}{S} = 22.3 \text{kN/m}^2 < 30 \text{kN/m}^2$$

混凝土地面满足施工要求。

　　B　支撑结构有限元内力分析

　　支撑结构有限元内力分析见表 9-14。

9.3.8　张弦梁安装

9.3.8.1　吊装前的准备工作

（1）对参与张弦梁吊装的管理人员及工人进行现场交底，讲明施工各个环节的技术方法、吊装工艺及施工安全注意事项。

（2）张弦梁吊装吊车指挥人员（掌吊人）尤为关键，起吊前要听取他对吊装的指挥思路是否合理，贯彻落实预案是否合理可行。

（3）吊车进场后对吊车的各项性能进行检查，相关证件是否合格齐全，确保全部灵活自如，并对吊车司机进行交底。

（4）检查熟悉吊车站位是否有障碍物或地基松软现象，必须确保吊车站位安全。

（5）检查所吊构件是否具备起吊条件，吊耳、钢丝绳等是否安全牢固。

（6）按照方案要求部署测量全站仪，起吊后全程跟踪测量，且有两台全站仪负责测量，一台测量吊起的钢梁，一台测量格构式支撑架平稳状态。

（7）检查格构式支撑架基础是否稳定，上部操作平台是否牢固，安全绳是否安装紧固等。

（8）检查柱顶安全操作平台是否安装完成，并焊接牢固。

（9）检查张弦梁上方双道安全绳是否安装牢固，工人安全带是否正确佩戴。

（10）起吊前先进行试吊工作（首次吊装）。

9.3.8.2　张弦梁吊装

张弦梁吊装步骤如图 9-38 所示。

表9-14 支撑结构有限元内力分析

工况：上部结构压力载荷考虑300kN（最大载荷小于300kN），自重载荷考虑1.2倍，压力载荷考虑1.4倍

支撑高度为23m，截面尺寸为1.45m×1.45m，支撑架间距为500mm；截面规格为：立杆L140×12；斜腹杆L75×8；水平腹杆L50×5；水平对角腹杆L64×5

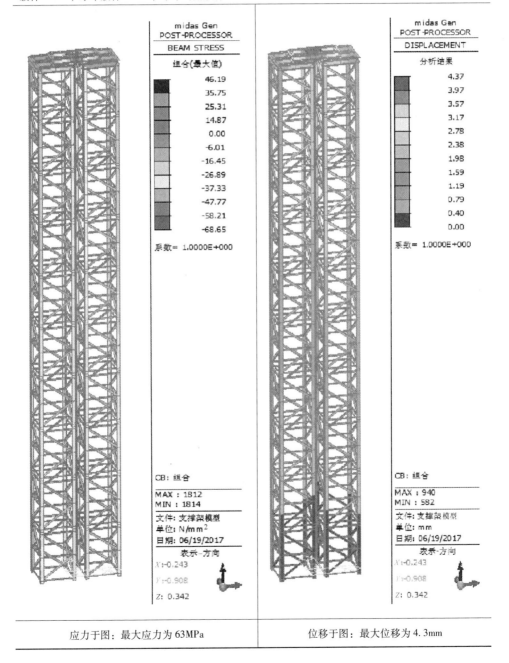

应力于图：最大应力为63MPa	位移于图：最大位移为4.3mm

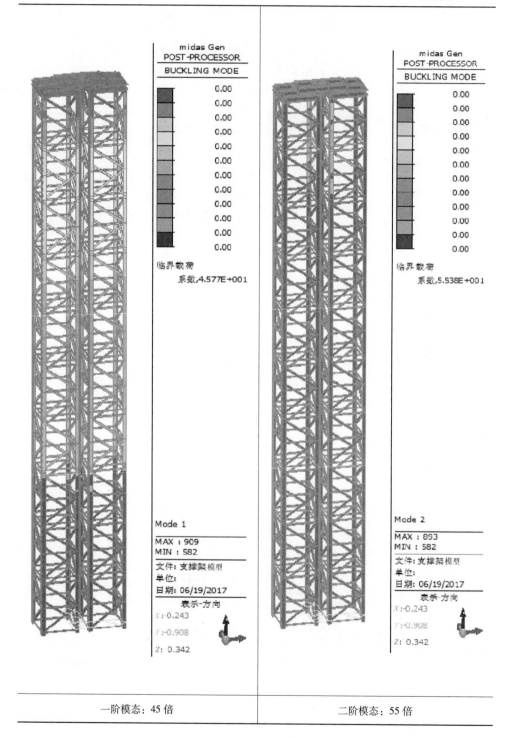

| 一阶模态：45 倍 | 二阶模态：55 倍 |

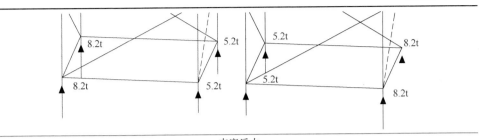

支座反力

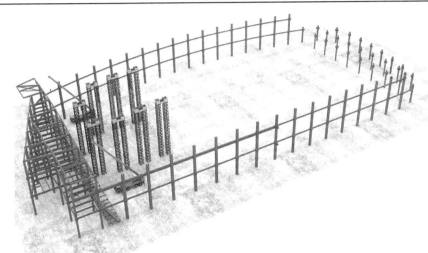

步骤 1：支撑架搭设根据张弦梁分段位置进行，下部与地面可靠连接，上部安装操作平台；支撑架搭设完成后及时拉设缆风绳（缆风绳一般直径≥12mm）

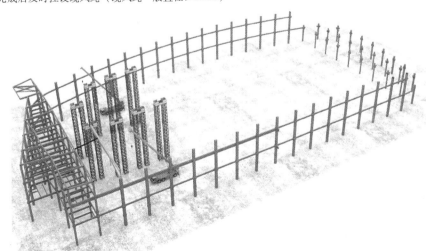

步骤 2：第一段钢梁吊装：张弦梁在地面拼装成三段，使用 100t/150t 汽车吊分段吊装，脱钩前钢梁与相邻结构使用铰接支撑杆连接，形成稳定结构。先吊装固定端，依次吊装，最后吊装滑动端

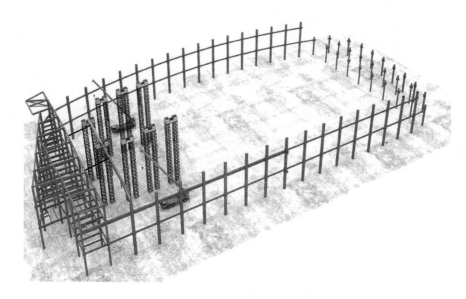

步骤3：第二段钢梁吊装：使用 100t/150t 汽车吊吊装，脱钩前钢梁与相邻结构使用铰接支撑杆连接，形成稳定结构

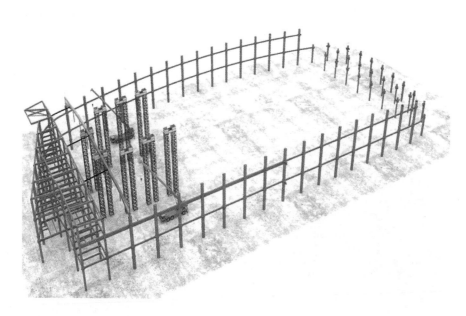

步骤4：第三段钢梁吊装：使用 150t 汽车吊吊装，脱钩前钢梁与相邻结构使用铰接支撑杆连接，形成稳定结构

临时杆件

步骤 5：第二榀钢梁吊装：使用汽车吊分段吊装，脱钩前钢梁与相邻结构使用铰接支撑杆连接，形成稳定结构

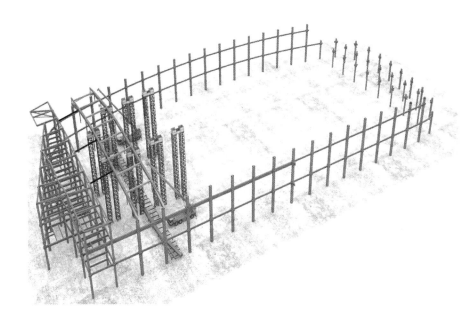

步骤 6：两榀张弦梁吊装完成后，及时校正、焊接固定端；再焊接两榀张弦梁间次结构连梁，两榀形成一个单元，并作为一个张弦梁组进行同步张拉

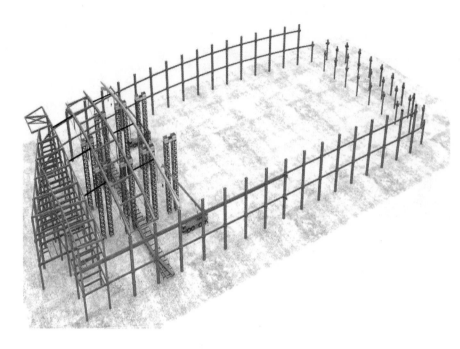

步骤 7：第一组张弦梁组安装钢索，依次安装第二组张弦梁

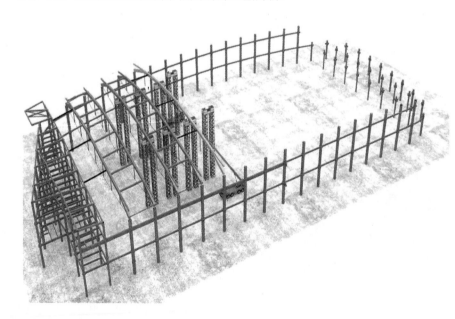

步骤 8：第一组张弦梁张拉，钢索张拉过程张弦梁上拱，与支撑架脱离，完成支撑架卸载，拆除支撑架并安装至第三组张弦梁下方，依次安装第三组张弦梁

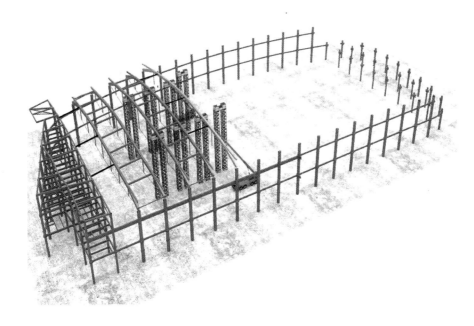

步骤9：第二组张弦梁钢索安装

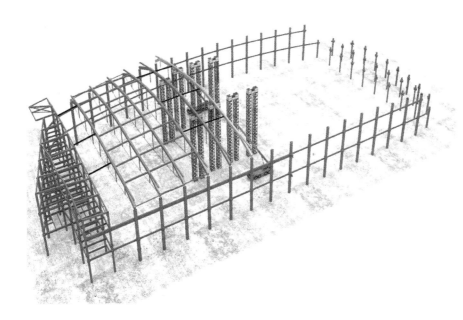

步骤10：第二组张弦梁张拉，安装第一、二组间连梁，校正后暂不焊接。依次安装后续张弦梁

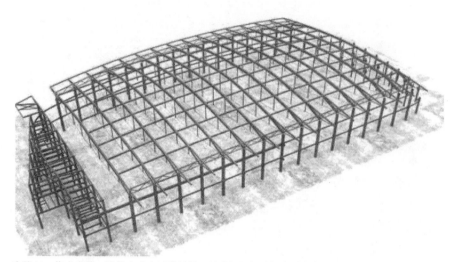

步骤11：依次安装、张拉完成本区张弦梁，从中间组间连梁向两侧组间连梁开始焊接，焊接完成后对各榀张弦梁索力复测、微调，直至满足设计要求后焊接滑动端支座，安装周圈桁架及悬挑机构

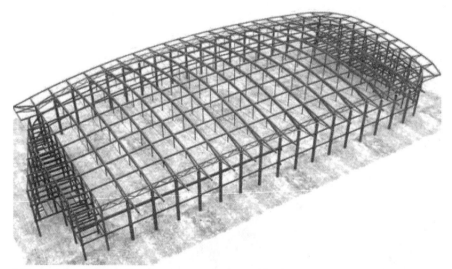

步骤12：安装两侧后装杆件，待屋面施工后，两端张弦梁与相邻结构高差不大于60mm时，焊接交接节点

图 9-38 张弦梁吊装步骤

9.3.8.3 张弦梁安装注意事项

（1）张弦梁起吊后，固定端作业人员重点控制张弦梁支座位于柱顶形心中间（见图 9-39）。

（2）当两榀梁对接存在高差时，在操作平台设置 X、Y 方向千斤顶，辅助回顶（见图 9-40）。

图 9-39 钢梁首吊　　　　　　　　图 9-40 段间千斤顶辅助精准对接

（3）在三段张弦梁均吊装完成，测量复核后再进行各段间焊接，避免过早焊接，最后一段误差较大，无法调整。

（4）在张弦梁梁体上特别是两支座端部及对接节点位置粘贴反光片，全站仪观测反光片来复核梁体坐标（见图 9-41）。

（5）滑动端聚四氟乙烯板应随张弦梁支座就位提前放入，且相对滑移方向有所富裕量。

（6）起吊前在张弦梁单元段两端绑扎溜绳，以此来控制张弦梁摆动（见图 9-42）。

图 9-41 梁体就位　　　　　　　　图 9-42 控制梁摆动

（7）支撑架操作平台支撑 H 型钢架设计成可调节形式，因不同弧度张弦梁调节不同高度，满足不同弧度张弦梁对接。

9.3.9　撑杆安装

张弦梁撑杆安装是指张弦梁上弦箱式梁下部竖向圆形撑杆安装。目前大跨度钢结构领域撑杆安装方法多种多样，一般依工程特点而定，但大都采用吊车直接吊装。根据本工程特点，撑杆上端位于箱型梁正下方，采用吊车安装吊装带捆绑撑杆直接吊装，无法实现。项目 QC 小组根据结构特点发明了"［"形吊具（见图 9-43），既安全可靠又轻便灵活。"［"形吊具的设计：为确保圆形撑杆吊起后能成垂直状态，方便对缝安装，取吊具上弦是下弦杆的二倍，在上弦焊接两幅吊耳，吊耳中心与撑杆受力点重合。在腹杆间设置吊环，吊环间穿吊装带（见图 9-44）。吊具采用 H200×150×2×2 型钢焊接。整个工装必须经过严格的设计计算，考虑最不利工况情况以满足施工为主要目的（见图 9-45）。

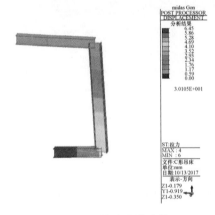

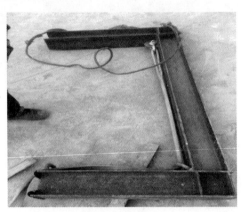

图 9-43　吊具设计计算　　　　　　　　图 9-44　吊具加工

图 9-45　吊具撑杆作业实况

9.3.10　张弦梁焊接

张弦梁的焊接主要指两个方面，一是张弦梁卧拼时的焊接，二是张弦梁在高空对接时的焊接，本节主要对这两部分焊接做详细描述。

9.3.10.1 焊接思路

（1）地面卧拼焊接：张弦梁侧卧于胎架上，就位后进行四边的段焊，之后按图9-46所示顺序，先焊立焊，后焊平焊、仰焊（见图9-46、图9-47）。

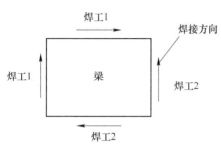

图 9-46 焊接顺序

图 9-47 卧拼焊接实况

（2）高空拼装焊接：高空拼装张弦梁焊接顺序也是先焊立焊，后焊平焊、仰焊。焊接方向及防风措施如图9-48所示。

a

b

图 9-48 高空防风焊接

a—梁身焊接及防风；b—梁端节点焊接及防风

（3）次结构连梁焊接：连梁与张弦梁焊接顺序是先焊立焊，后焊平焊、仰焊（见图9-49）。

9.3.10.2 焊接方式

主体钢结构现场的焊接均采用 CO_2 气体保护焊的形式焊接（见图9-50）。

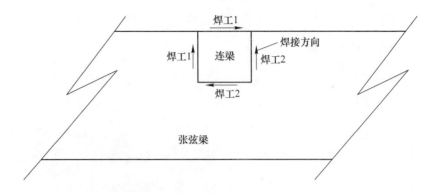

图 9-49 连系次梁焊接顺序

a   b

图 9-50 CO_2 气体保护焊

a—CO_2 气体保护焊机；b—定型化焊机保护箱

9.3.10.3 焊接材料

焊接材料见表 9-15。

表 9-15 焊接材料

焊接方式	焊接母材	焊接材料	规　格	备　注
手工焊	Q235B	E4315	$\phi 3.2mm$	焊条
	Q345B	E5015	$\phi 3.2mm$	
CO_2 气体保护焊	Q235B	ER49-1	$\phi 1.2mm$	焊丝（药芯）
	Q345B	ER50-6	$\phi 1.2mm$	
	CO_2 气体		95%~99%	纯度

9.3.10.4 焊接前准备

A 焊接工艺评定

现场焊接前要对施焊的构件，选取相同的焊接材料，采取完全相同的焊接方法，做焊接工艺评定（见图9-51）。

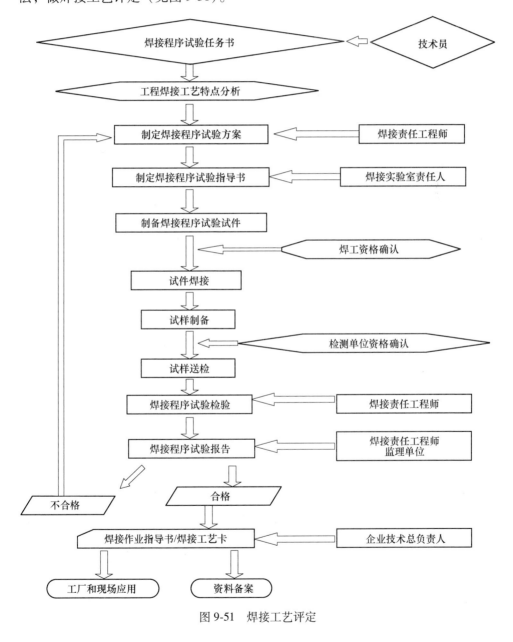

图 9-51 焊接工艺评定

B　焊接考试

焊工入场后，质检人员要组织对新进场的焊工做焊接考试，一是检验其焊接手法和焊接质量，二是评定焊接水平进行定岗（见图 9-52）。

焊接考试完 24h 后试件送实验室对其进行 UT 探伤（见图 9-53）。

图 9-52　焊工考试　　　　　　　　　图 9-53　考试试件 UT 探伤

C　焊接取证

所有现场焊接的人员必须持证上岗，且每天焊接作业前。开具动火证。

D　焊口清理准备

（1）焊接前，先采用锉刀、砂布、盘式钢丝刷将接头处坡口内壁 15～20mm 处仔细清除锈蚀及污物。由于钢材的表面光洁度较差，在组对前必须把凹陷处用角向磨光机磨平，坡口表面有不平整、锈蚀等现象，坡口清理是工艺的重点。

（2）焊接前要对焊口及其两侧 100mm 范围内进行预热，预热温度达到焊接温度以上 20℃。

9.3.10.5　焊接作业流程

焊接作业流程如图 9-54 所示。

9.3.10.6　焊接工艺要点

A　底部焊接

对接接头在焊接根部时，应自焊口的最低处中线 10mm 处起弧至构件口的最高处中心线超过 10mm 左右止，完成半个焊口的封底焊，另一半焊前应将前半部始焊于收尾处用角向磨光机修磨成缓坡状并确认无未熔合现象后，在前半部分焊缝上起弧始焊，至前半部分结束处焊缝上，终了整个管口的封底焊接。根部焊接需注意衬板与方钢管坡口部分的熔合，并确保焊肉介于 3～3.5mm 之间。

打底时，在焊缝起点前方 50mm 处的引弧板上引燃电弧，然后运弧进行焊接

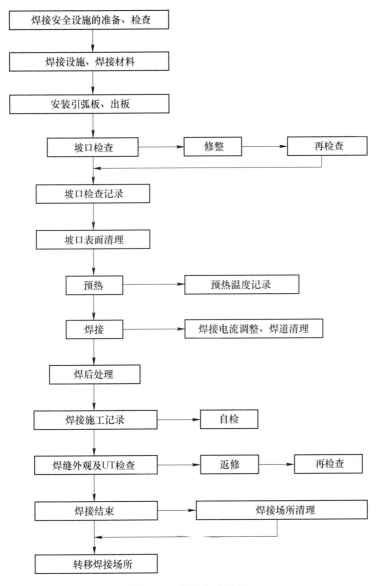

图 9-54 焊接作业流程

施工。熄弧时，电弧不允许在接头处熄灭，而是应将电弧引带至超越接头处50mm的熄弧板熄弧，并填满弧域。运弧采用往复式运弧手法，在两侧稍加停留，避免焊肉与坡口产生夹角，达到平缓过渡的要求。

  B 填充层焊接

  在进行填充焊接前应剔除首层焊道上的凸起部分与粘连在坡壁上的飞溅粉尘，仔细检查坡口边沿有无未熔合及凹陷夹角，如有上述现象必须采用角向磨光机除去，不得伤及坡口边沿。焊缝的层间温度应始终控制在 120~150℃ 之间，要求焊接过程具有较强连续性，施焊过程中出现修理缺陷、清洁焊道所需的停焊情况造成局部温度下降，则必须用加热工具进行加热，直到达到规定值后才能再进行焊接。在接近盖面时应注意均匀留出 1.5~2mm 的深度，便于盖面时能够清楚观察两侧熔合情况。

C　面层焊接

选用适中的电流、电压值并注意在坡口两边熔合时间稍长，水平固定口不采用多道焊缝，垂直与斜固定口须采用多局多道焊，严格执行多道焊接的原则，焊缝严禁超宽（应控制在坡口以外 2~2.5mm），余高保持 0.5~3.0mm。

在面层焊接时为防止焊道太厚而造成焊缝余高过大，应选用偏大的焊接电压进行焊接。

为控制焊缝内金属的碳含量增加，在焊道清理时尽量减少使用碳弧气刨，以免刨后焊道表面附着的高碳晶粒无法清除致使焊缝碳含量增加出现裂纹。

9.3.10.7　焊接注意事项

（1）CO_2 气体保护焊时，气体流量宜控制在 20~25L/min，焊丝外伸长 20~25mm，焊接速度控制在 5~7mm/s，熔池保持水准状态，运焊手法采用划斜圆方法。一般 1h 焊接 18m 长度。CO_2 气体纯度>95%。

（2）钢结构焊接前首先进行焊道清理（见图 9-55）并应在焊口设置工艺垫板和引弧板。垫板、引弧板、引出板材质应和被焊母材相同，坡口形式应与被焊焊缝相同，禁止

图 9-55　焊接前清理

使用其他材质材料充当引弧板、引出板和垫板。

（3）手工电弧焊和 CO_2 气体保护焊焊缝引出长度应大于 50mm。其引弧板和引出板宽度大于 50mm，长度不小于 50mm，厚度应不小于 8mm。

（4）焊接完成后，应用火焰切割去除引弧板和引出板，并修磨平整，不得用锤击落。

（5）焊段尽可能保持连续施焊，避免多次熄弧、起弧。穿越安装连接板处工艺孔时必须尽可能将接头送过连接板中心，接头部位均应错开。

（6）同一层道焊缝出现一次或数次停顿需再续焊时，始焊接头需在原熄弧处后至少 15mm 处起弧，禁止在原熄弧处直接起弧。CO_2 气体保护焊熄弧时，应

待保护气体完全停止供给、焊缝完全冷凝后方能移走焊枪。禁止电弧刚停止燃烧即移走焊枪，使红热熔池暴露在大气中失去 CO_2 气体保护。

（7）焊接过程中，焊缝的局部温度应始终控制在 $100\sim150℃$ 之间，要求焊接过程具有最大的连续性，在施焊过程中出现修补缺陷、清理焊渣所需停焊的情况造成温度下降，则必须用加热工具进行加热，直至达到规定值后方能再进行焊接。

（8）焊后热处理及防护措施：母材厚度为 $25\sim80mm$ 的焊缝，必要时进行火焰或电加热后保温处理，火焰或电加热应在焊缝两侧各 $100mm$ 宽幅均匀加热，加热时自边缘向中部，又自中部向边缘由低向高均匀加热，严禁持热源集中指向局部；后热消氢处理加热温度为 $200\sim250℃$，保温时间应依据工件板厚按每 $25mm$ 板厚 $1h$ 确定。达到保温时间后应缓冷至常温。焊接完成后，还应根据实际情况进行消氢处理和消应力处理，以消除焊接残余应力。

（9）焊后清理与检查：焊后应清除飞溅物与焊渣，清除干净后，用焊缝量规、放大镜对焊缝外观进行检查，不得有凹陷、咬边、气孔、未熔合、裂纹等缺陷，并做好焊后自检记录，自检合格后鉴上操作焊工的编号钢印，钢印应鉴在接头中部距焊缝纵向 $50mm$ 处，严禁在边沿处鉴印，防止出现裂源。

（10）对接接头定位焊采用 CO_2 气体保护焊，定位焊的焊接长度每处 $\leqslant50mm$，焊肉厚度约为 $4mm$。

（11）焊接时风速不得 $>2m/s$（$3\sim4$ 级风），空气湿度 $\leqslant90\%$。

（12）焊接变形控制：

1）对接接头、T 形接头，在工件放置条件允许或易于翻转的情况下，宜双面对称焊接；有对称截面的构件，宜对称于构件中性轴焊接；有对称连接杆件的节点，宜对称于节点轴线同时对称焊接。

2）非对称双面坡口焊缝，宜先在焊深坡口面完成部分焊缝焊接，然后完成浅坡口面焊缝焊接，最后完成深坡口面焊缝焊接（见图 9-56）。

图 9-56 仰焊实况

3）锤击焊缝法：在焊缝的冷却过程中，采用圆头小锤或小型振动工具均匀迅速地锤击焊缝，使金属产生塑性延伸变形，抵消一部分焊接收缩变形，从而减小焊接应力和变形，但不应对根部焊缝、盖面焊缝或焊缝坡口边缘的母材进行锤击。

9.3.10.8 冬季焊接

冬季焊接主要是指在负温条件下的钢结构焊接。针对冬季负温焊接采取的一系列措施和办法是对冬季负温条件下焊接质量的保障。本节主要针对负温环境下的焊接注意事项进行详细描述。

（1）根据建筑工程冬施规范要求，连续5天平均气温在5℃以下即进入冬季施工，钢结构焊接工程也是如此，冬施后焊接就要采取必要的冬施措施。

（2）冬施焊接，必须先做负温焊接工艺评定，并焊接冬施试件进行实验检测（见图9-57）。

图 9-57　负温焊前工艺评定试件

（3）冬施焊接焊缝前要对焊缝进行预热烘烤，将焊缝温度控制在150℃以上，烘烤范围是焊缝两侧100mm，且由内向外再由外向内连续烘烤（见图9-58a）。

（4）冬施焊接后应用石棉及时包裹（-5℃以上时采取此办法），包裹范围在焊缝两侧各200mm范围内（见图9-58b）。

a　　　　　　　　　　　　　　　　　　　　　b

图 9-58　焊前预热与焊后保温
a—焊前预热烘烤；b—焊后石棉保温

（5）若在-5~-10℃范围内焊接，焊后焊缝应用电磁加热板进行保温，保温时间是焊缝温度恢复电磁加热板温度时，一般6~10h。

（6）-10℃以下严禁焊接，主要是为防止焊缝温度下降过快，内部热效应变化引起延迟裂纹。

（7）冬施焊接时要成立焊接测温小组，做好专门的测温记录和监测工作（见图9-59）。

（8）冬施期间焊接 CO_2 气体纯度必须选择99%高纯度气体。

（9）冬施焊接的焊口要在附近做上焊接日期及焊接时大气温度，以备探伤时重点检验。

（10）电弧焊冬施焊接要提前对焊条预热，在360℃加热箱内，加热1h，取出后放在保温桶内，使用时温度≥20℃（见图9-60）。

图9-59 过程测温监测　　　　图9-60 保温桶焊条保温

9.3.10.9 焊接应力消减

在钢结构领域应力消减工艺有很多种类，主要常用的有机械消应力法、火焰消应力法、爆炸消应力法等，根据钢结构行业施工特点，常用的消应力法为机械消减法和火焰消减法。

（1）机械消减法：机械消减法主要常用的为振动消应力法和锤击消应力法。振动消应力法主要采用超声波冲击仪等专业的消应力设备来消减焊接应力。锤击消应力法主要采用小锤锤击已焊接完成的焊缝，利用锤击产生的振动波消减焊接应力。

（2）火焰消减法：钢构件焊接完成后，可采用后热的方式对构件进行消应力处理。

目前一般施工现场常用就是正温环境下采用锤击消减法，即焊接过程及完成后用锤子敲击焊缝两侧 500mm 范围内；负温环境下采用火焰烘烤消减法，即用火焰烘烤焊缝两侧 300mm 范围，喷枪火焰距构件 50mm 左右。

9.4　预应力高钒索

9.4.1　预应力索与销轴

9.4.1.1　预应力高钒索

拉索一般为锌-5%铝-混合稀土合金钢绞线，俗称"高钒索"，强度等级达 1670MPa。高钒索外表无其他防护物，本身具有防腐涂层，直接裸露，金属观感强，外形美观（见图 9-61）。

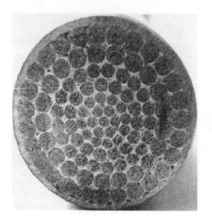

图 9-61　预应力"高钒索"

9.4.1.2　销轴

销轴是通过插入耳板预留孔将高钒索与张弦梁下部耳板连接在一起的承受剪力的合金剪力销轴。它主要有两种材质的产品：35 铬钼和 40 铬。其中 35 铬钼抗拉强度 ≥985MPa，屈服强度 ≥835MPa；40 铬抗拉强度 ≥980MPa，屈服强度 ≥785MPa。

本工程采用 35 铬钼（35CrMo）合金销轴（见图 9-62）。

9.4.2　预应力索深化设计

预应力索深化设计内容包括索与其他构件之间的连接做法、索夹及其连接锚具的做法、索构件装配尺寸。通过以上叙述可知，索构件的装配尺寸需在找型计算的基础上确定的零应力状态下的装配尺寸。深化设计完成后形成一整套深化设

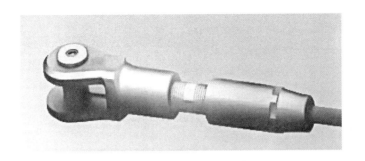

图 9-62 合金销轴

计图纸提供给各方进行复核，同时提供给施工现场工程师，进行施工准备。

深化要点：

（1）采用 midassGen 有限元分析索力及索的长度模拟，并形成深化加工图。

（2）结合 sap2000 和 midass 模拟预应力张拉，索出厂前在索体上标记索夹位置。

预应力索深化设计要求及模型见表 9-16 和图 9-63。

表 9-16 预应力索深化设计要求

序号	构件名称	构件尺寸	材质	截面形式
1	撑杆上部节点	根据三维实体放样确定	按图纸要求	
2	索夹	根据三维实体放样确定	根据节点有限元分析情况确定	固定索头

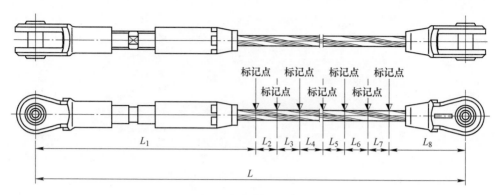

图 9-63　预应力索深化设计模型

9.4.3　预应力索加工

9.4.3.1　拉索加工

预应力钢索及节点加工图由预应力专项施工单位设计，制作加工由预应力钢索专业生产厂家完成，预应力钢索的制作加工如下：

（1）调直。为了使钢索受荷后各根钢丝或各股钢绞线受力均匀，钢索制作时下料长度要求严格，要准确、等长。下料采用"应力下料法"，将开盘在 $200\sim300MPa$ 拉应力下的钢丝或钢绞线调直，可消除一些非弹性因素的影响。

（2）下料。钢丝或钢绞线的号料应严格进行。制作通长、水平且与索等长的槽道，平行放入钢索或钢绞线，使其不互相交叉、扭曲，在槽道定位板处控制索的下料长度。

（3）切割。钢索应用切割机切割，严禁用电弧切割或用气割，以防止损伤钢丝。

（4）编束。宜用梳孔板向一方向梳理，同时编扎，每隔 1m 左右用细钢丝编排扎紧，不让钢丝在束中交互扭压。编扎成束后形成圆形截面，每隔 1m 左右再用铁丝扎紧。

（5）钢索的预张拉。钢索的预张拉是为了消除索的非弹性变形，保证在使用时的弹性工作。预张拉在工厂内进行，一般选取钢丝极限强度的 50%～55% 为预张力，持荷时间为 0.5～2.0h。

（6）钢索的防护。钢索在防护前必须表面处理，认真除污。钢索的长期防护采用锌-5%铝-混合稀土合金镀层的方法。这种防护方法可适应周围无严重侵蚀性的一般环境。在施工过程中，为了避免对拉索造成损伤，在钢索出厂时，首先在索体外面缠绕一层塑料薄膜，然后在外面增加薄毛毡及塑料带。到达现场后，在放索过程中也要对索体进行保护，防止其摩擦破坏。

（7）预应力钢索及配件在运输、吊装和运输过程中应尽量避免碰撞挤压。

（8）预应力钢索及配件在铺放使用前，应妥善保存放在干燥平整的地方，下边要有垫木至少离地 30cm，上面采取防雨措施，以避免材料锈蚀；切忌砸压和接触电气焊作业，避免损伤。

9.4.3.2 拉索加工注意事项

（1）拉索加工时要在室内恒温为 20℃ 的环境内加工。

（2）预张拉：对捻制好的拉索首先在张拉台上进行预张拉，并实测拉索的弹性模量。预张拉是拉索下料前必不可少的步骤，通过预张拉可以使钢绞线结合紧密，受力均匀，从而消除拉索受力伸长时的非线性因素。预张拉可按如下方法进行：张拉力取拉索破断拉力的 55%，对索体进行持续张拉，持续时间不小于 1h，预张拉次数不小于 2 次（见图 9-64）。

预张拉完成后，实测拉索的弹性模量应稳定在 158~162GPa 范围内，这时应截取拉索样品用于索体成品检验，成品检验合格后方可进行拉索下料。

（3）应力下料：将拉索张拉至设计要求的制作载荷，在索体上量取该制作载荷对应的索长，用符合要求的记号笔工具在索体上做记号，然后对索体进行切割（见图 9-65）。

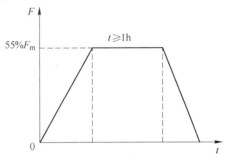

图 9-64　预张拉力-时间曲线

对索长的计算除应考虑温度补偿和弹性变形外，尚应计入索的徐变和锚具的回缩变形。

图 9-65　钢索应力下料

（4）浇筑锚具：按索体两端的记号分别浇筑锚具，应保证锚具浇筑位置准确无误。

（5）拉索尺寸复核：此步骤对每根钢索长度逐根复核，由制作方进行检查，钢索质量控制服务人员进行旁站监督和记录。将浇筑锚具之后的拉索重新张拉至设计要求的制作载荷，采用专用计量工具对拉索两端锚具孔中心之间的长度进行实测并记录，实测尺寸与图纸尺寸之间的最大误差不应超过±10mm，否则应视为不合格。

（6）成品检测：

1）成品索长度测量：索长测量方法为经超张拉后成品拉索，卸载至20%的超张拉力时测量拉索长度，然后再换算成20℃、零应力时的拉索长度。

2）拉索弹性模量检测：在成品索超张拉时，取1根作弹性模量试验检测，试验方法为利用超张拉检测时取得的索力与索长变化的数据，算出拉索的抗拉弹性模量，成品拉索的抗拉弹性模量不小于160GPa。

3）索长加工误差一般为0.02%，100m索长不得>15mm，索加工周期45~60天。

9.4.4　拉索进厂验收与存放

9.4.4.1　进厂验收

拉索进场后，需对索体、锚具及零配件的出厂报告、产品质量保证书、检验报告以及品种、规格、色泽、数量进行验收，如检查无误，应及时整理资料和材料产品检验批，报审到监理单位和总包等相关单位，进行物资资料报验。

（1）拉索尺寸复核。此步骤对每根钢索长度逐根复核，由制作方进行监查，钢索质量控制服务人员进行旁站监督和记录。将浇筑锚具之后的拉索重新张拉至设计要求的制作载荷，采用专用计量工具对拉索两端锚具孔中心之间的长度进行实测并记录，实测尺寸与图纸尺寸之间的最大误差不应超过±10mm，否则应视为不合格。

（2）成品检测。索构件的加工制作精度和材料属性是否与设计图纸的深化设计一致，是本工程能否顺利实施的关键，然而，索构件一般均是在工厂内形成成品后运至现场，一旦出厂时出现偏差或精度不能满足要求，设计意图难以实现，将会给工程的质量、工期带来不利影响。结合类似工程的相关经验，在索构件生产过程中拟派专职工程师和索材生产商共同进行成品索的出厂检验，包括成品索的索长确定、标记点位置、超张拉和索材弹性模量监测实验等。

（3）成品索长度测量。索长测量方法为径超张拉后成品拉索，卸载至20%的超张拉力时测量拉索长度，然后再换算成20℃、零应力时的拉索长度。在成品索长度测量时，根据出具的深化设计图纸中索规格型号、装配形式，对每根成品索进行长度检验。

（4）检查标记点。标记点是索在下料状态下的节间长度特定标记，指导安装施工，一般在工厂加工时根据给定的条件（标记力）下进行标记。若标记点遗漏或标记位置不准确，将给预应力钢索施工带来较大困难，因此标记点是索生产时一项重要的工作内容，索材出厂之前必须进行严格检查。根据类似工程经验，本工程在索材生产时，与生产厂商进行沟通，约定时间按照深化图纸要求进行核查。

9.4.4.2 拉索存放

（1）钢索在防护前必须表面处理，彻底除污。本工程钢丝束直接裸露在外。在施工过程中，为了避免对裸露钢索造成损伤，在钢索出厂时，首先在钢索外面缠绕一层塑料薄膜，然后在外面增加薄毛毡及塑料带。到达现场后，在放索过程中也要对索体进行保护，防止其摩擦破坏。

（2）预应力钢索及配件在运输、吊装和运输过程中应尽量避免碰撞挤压。

（3）为了防止在钢结构焊接过程中飞溅的火花灼伤索体，一方面要在索体表面缠绕防火布防护；另一方面如果焊接部位正下方有索体经过时，要在焊接部位下面搭设防止火花飞落的防火板，避免火花直接飞落到索体上。

（4）预应力钢索及径向钢拉杆在铺放使用前，应妥善存放在干燥平整的地方，下边要有垫木距地高度不小于30cm，上面采取防雨措施，以避免材料锈蚀；切忌砸压和接触电气焊作业，避免损伤。

（5）拉索盘圈放置时，圈的最小直径不得小于拉索直径的30倍。

（6）索体运输吊装时要采取三点式"平吊法"，严禁单点调运（见图9-66）。

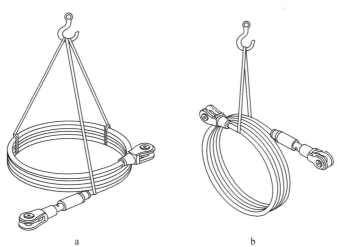

a   b

图9-66 "高钒索"吊装方法

a—正确吊法；b—错误吊法

9.4.5 拉索施工

9.4.5.1 展索施工

拉索运输到现场后，在指定位置进行堆放。展索的盘圈直径不小于拉索直径的 30 倍，即本工程最大索直径为 82mm，盘圈直径不小于 2.4m。（见图 9-67）单根拉索重量约为 3t，对展索盘的要求比较高。根据现场场地布置要求，摆放拉索，保证拉索在安装过程中避开障碍物，同时保证拉索顺利放开并安装。将所有拉索放置在对应安装位置竖向投影位置处，完成放索工作。

拉索放开过程中，将索头置于小型平板车上并固定，采用 5t 卷扬机通过吊装带牵引平板车（见图 9-68）。将钢索在地面上慢慢放开，为防止索体在移动过程中与地面接触，索头用软性材料包住，在沿放索方向铺设展索小车，以保证索体不与地面接触。

图 9-67 展索盘圈

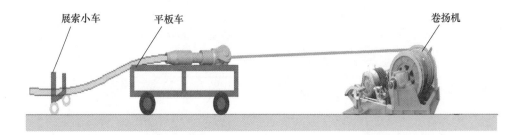

图 9-68 卷扬机展索

为避免展开的预应力钢索与地面摩擦而损坏钢索，在展开的索下每隔 5~6m 放置展索小车和展索滚轮（见图 9-69）。

图 9-69 展索小车和展索滚轮

9.4.5.2 挂索施工

A 安装思路

根据现场实际情况施工部署，拉索在地面铺放完成，利用两台 50t 吊车同时提升预应力拉索，在提升至合适位置时，连接就位耳板处的提升工装装置，采用千斤顶提升就位索头。

第一步：地面预应力拉索展开；

第二步：1 台 50t 吊车固定端就位；

第三步：从固定端开始逐步就位索夹；

第四步：就位张拉端时，吊车提升至合适位置，连接就位耳板处的提升工装装置；

第五步：就位索头；

第六步：按照标记点位置进行安装拧紧索夹，安装完成。

B 拉索安装

拉索安装前先通过 midas 及 TEKLA 模拟软件，模拟安装推演，提前发现安装难度及施工难点。拉索安装步骤如图 9-70 所示。

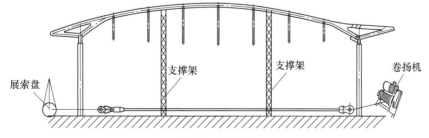

步骤 1：展索施工

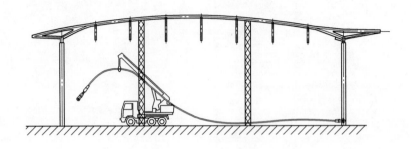

步骤2：安装滑动端索头

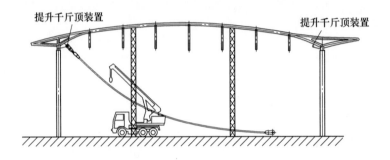

步骤3：安装固定端索头

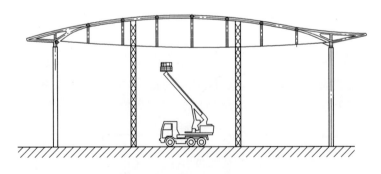

步骤4：逐个安装下部索夹

图9-70 拉索安装步骤

实际安装过程如图9-71~图9-74所示。

图 9-71 安装滑动端索头

图 9-72 安装固定端索头

图 9-73 逐一安装索夹

图 9-74 索夹安装完成

9.5 张弦梁预应力张拉

根据张弦梁结构的加工、施工及受力特点通常也将其结构形态定义为零状态、初始态和载荷态三种。其中零状态是拉索张拉前的状态，其实际上是指构件的加工和放样形态（通常也称结构放样态）；初始态是拉索张拉完毕后，结构安装就位的形态（通常也称预应力态），也是建筑施工图中所明确的结构外形；而载荷态是外载荷作用在初始态结构上发生变形后的平衡状态。各状态所对应受力情况为：

（1）零状态（结构的放样状态）：拉索张拉前的状态，无自重、无预应力作用时的放样状态，施工阶段为搭设支撑体系，安装钢结构构件和索。

（2）初始态：拉索张拉完毕，去掉支撑体系，形成预应力作用下的自平衡体系，且屋面结构施工结束后的形态（通常也称为预应力态），也就是建筑施工图中明确的结构建筑外形。

（3）载荷态：在自重、预应力及外部载荷作用下，初始结构发生变形后的平衡状态。

通过上述张弦梁的三种不同的状态分析可以看出，只有在预应力作用后张弦梁才达到自身的一个平衡状态，也就是所说的成了真正的张弦结构。

9.5.1　张弦梁安装过程仿真验算

9.5.1.1　仿真验算的目的与意义

由于在预应力钢索张拉完成前结构尚未成型，结构整体刚度较差，因此必须应用有限元计算理论，使用有限元计算软件进行预应力钢结构的施工仿真计算，以保证结构施工过程中及结构使用期安全。

施工仿真计算实际上是预应力钢结构施工方案中及其重要的工作。因为施工过程会使结构经历不同的初始几何态和预应力态，这样实际施工过程必须和结构设计初衷吻合，加载方式、加载拉序及加载量级应充分考虑，且在实际施工中严格遵守。理论上将概念迥异的两个阶段或两个状态分别称为初始几何态和预应力态，这两个状态的分析理论和方法是不同的。在施工中严格地组织施工顺序，确定加载、提升方式，准确实施加载量、提升量等是必要的。施工仿真具体目的及意义如下：

（1）验证张拉方案的可行性，确保张拉过程的安全。

（2）给出每一张拉步的应力及变形情况，为实际张拉时的张拉力值的确定提供理论依据。

（3）给出每一张拉步结构变形及应力分布，为过程中的变形及应力监测提供理论依据。

（4）根据计算出来的张拉力的大小，选择合适的张拉机具，并设计合理的张拉工装。

（5）确定合理的张拉顺序。

9.5.1.2　仿真验算

A　模型处理

采用 midassGen 有限元分析软件进行计算，上弦梁采用一般梁单元，拉索采用只受拉单元，支撑架采用只受压单元，柱底采用固定支座，拉索两端采用梁端释放约束，以此来定义两端边界条件（一端铰接，一端 y 向移动铰接）。

施工仿真边界处理：柱子建立并施加柱顶梁端约束（设置可滑动等）→张弦梁全部张拉完成→去掉柱顶梁端约束→施工张拉调整（见图9-75）。

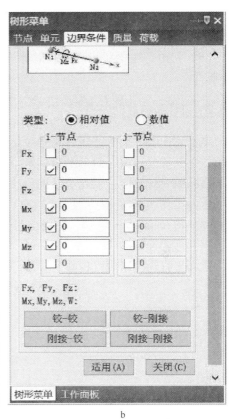

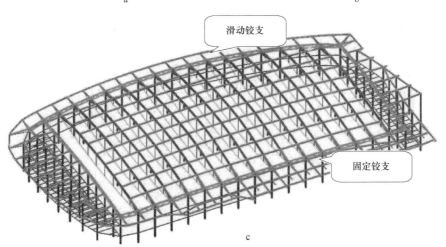

图 9-75 张弦梁支座边界模拟分析

a—固定铰支座；b—滑动铰支座；c—90m 跨梁端约束支座

B　得出分析结论

（1）张拉时一端固定，一段滑动，张拉设备安装在固定端。

（2）在张拉过程中为防止铸钢支座半球体发生转动，暂时不去掉焊接在铸钢支座上的约束钢片，待全部张拉完成，焊接滑动端支座，再逐一打开该约束钢片。

（3）得出每榀梁在每级张拉状态下的滑移量、起拱量、索力值且全程测量监测。

9.5.2　设计张拉数据模拟

本部分内容主要阐述张弦梁张拉是如何分级的，以及在每级状态下张弦梁索力值、上弦梁起拱值、滑动端滑移量等具体参数，以备现场在张拉过程中能清晰地掌握张弦梁张拉应力变化及结构形态。

这项工作主要是由主设计师联合预应力张拉专业分包技术负责人，采用SAP2000和midassGen电脑软件结合张拉条件共同模拟计算得出张弦梁张拉的参考数据和理论计算书。

以本工程为例得出张拉数据参数，见表9-17。

表 9-17　张拉数据参数样表

张弦梁编号	索载荷（应变）	张拉完成 step10		起拱/mm	
		支座水平位移/mm	索内力/kN	节点号	数值
		滑动端			
ZXL90-1					
ZXL90-2					
ZXL90-3					
ZXL90-4					
ZXL90-5					
ZXL90-6					
ZXL90-7					
ZXL90-8					
ZXL90-9					
ZXL90-10					
ZXL90-11					
ZXL90-12					
ZXL90-13					
ZXL90-14					
ZXL90-15					
ZXL90-16					

下面介绍90m跨度张弦梁张拉工况模拟仿真验算。

工况分析（表9-18）如下：

（1）工况一：第一组张弦梁安装。

（2）工况二：张拉这两榀张弦梁拉索。

（3）工况三：拆除支撑架。

（4）工况四：安装下一组张弦梁。

（5）工况五：张拉该组预应力拉索。

（6）工况六：连接第一组和第二组连接杆件。

表9-18 工况分析

序号	工况名称	柱顶x向变形/mm	柱顶y向变形/mm	结构z向变形/mm	施加预拉力值/kN	单根拉索最大索力/kN	钢构最大应力/MPa	支撑架反力/kN
1	工况一	2	10	−15	—	—	−27	213
2	工况二	4	−16	27	950	728	−39	6.2
3	工况三	3	−17	27	950	720	−38	—
4	工况四	3	−17	−16	—	—	−38	198
5	工况五	−2	−21	26	950	720	−38	0
6	工况六	−6	−19	26	950	735	−41	0

工况一模拟如图9-76所示。

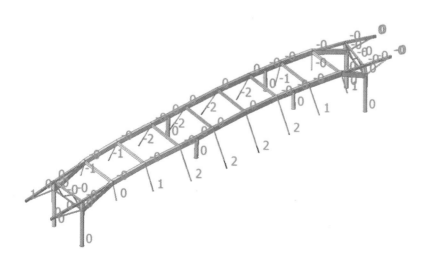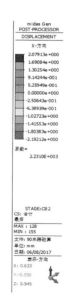

工况一：柱顶x向位移

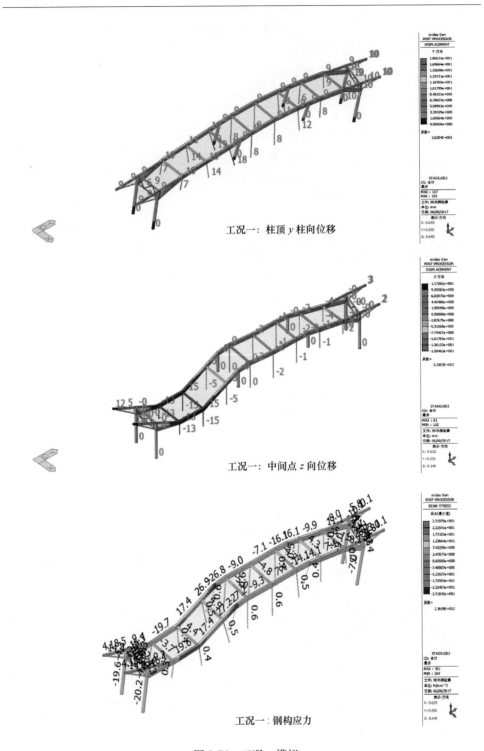

工况一：柱顶 y 柱向位移

工况一：中间点 z 向位移

工况一：钢构应力

图 9-76 工况一模拟

全部张拉完成并将钢拉杆安装后各工况最终状态如图 9-77 所示。

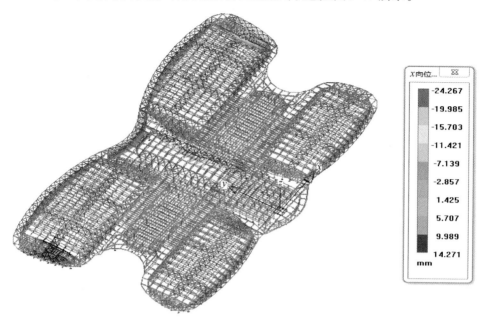

X向位...
-24.267
-19.985
-15.703
-11.421
-7.139
-2.857
1.425
5.707
9.989
14.271
mm

最终工况 x 向位移

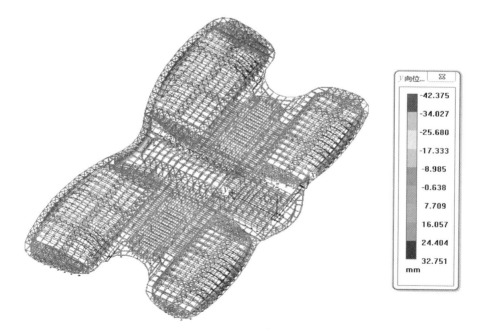

Y向位...
-42.375
-34.027
-25.680
-17.333
-8.985
-0.638
7.709
16.057
24.404
32.751
mm

最终工况 y 向位移

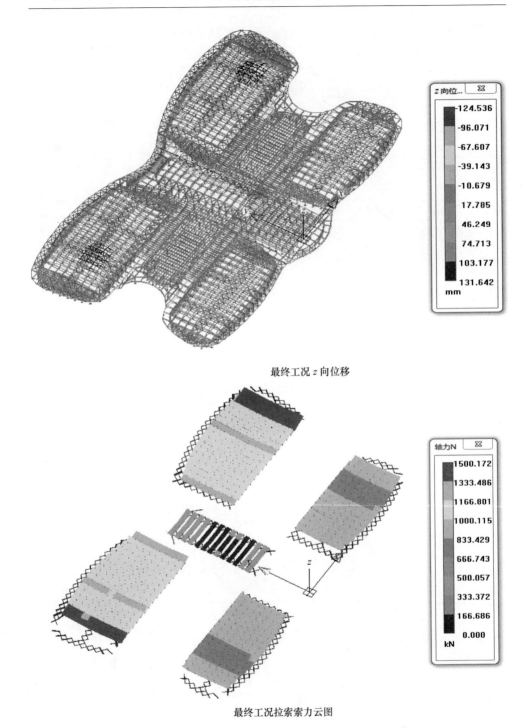

最终工况 z 向位移

最终工况拉索索力云图

图 9-77 各工况最终状态

9.5.3 张拉施工

9.5.3.1 张拉设备

目前大型钢结构预应力张拉领域基本使用液压油泵千斤顶的方式进行张拉。本工程采用100t级液压千斤顶进行张拉。

9.5.3.2 张拉方式

根据上述仿真模拟和验算，将张弦梁柱顶支座在平面内位置较为统一的一段作为固定端，外部圆弧区域作为滑动端。在固定端设置液压千斤顶向滑动端张拉。

张拉以两榀张弦梁为一个单元，同时张拉。

9.5.3.3 摩擦介质选取

根据设计要求，在张弦梁安装前，根据现场试验，在滑动段张弦梁支座与柱顶之间放置双层4mm厚聚四氟乙烯板，作为摩擦介质。

特别注意：摩擦介质一般有钢棒、钢珠、四氟乙烯板等几种形式，但考虑在本工程中钢棒和钢柱稳定性较差，故选取聚四氟乙烯板。

9.5.3.4 预应力张拉

索结构除了构件自身的几何参数和力学特性、构件之间的几何拓扑关系和连接节点之外，预应力也是结构构成的重要内容。索结构的"力"和"形"是统一的，"力"是在对应的"形"上平衡。因此，索结构施工要对"力"和"形"实行双控，即控制索力和结构状况。本工程施工的张拉特点是：通过张拉径向拉索来达到结构"形"的控制，建立与设计相符的"力"和"形"的统一。

A 张拉步骤

本工程张拉施工时跟随着钢结构施工过程，即每拼装两榀张弦梁后开始对预应力拉索的第一次张拉，以便于张弦梁形成一个独立的自平衡结构。具体张拉施工步骤如下：

（1）两榀张弦梁上弦梁安装完成；

（2）连接这两榀张弦梁连接杆件；

（3）第一次100%张拉预应力拉索（每根拉索分三步张拉，一步张拉约60%，二步张拉80%，三步张拉100%，每步之间时间间隔15min）；

（4）拆除支撑架；

（5）按照以上步骤安装下一组张弦梁结构；

（6）张拉完成后按以上步骤安装完成整个张弦梁区域；

（7）连接组与组之间的连接杆件；

（8）局部调整。

同时张拉：本工程会展中心张弦梁拉索每组同时张拉施工，如图 9-78 所示。

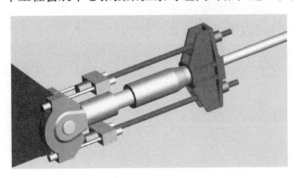

图 9-78　预应力张拉工装

B　张拉

对于拉索的预应力施加，根据模型仿真验算和设计相互校核得出预应力拉索的预拉力值。施加预应力的方法是：通过油泵将油压传给两个千斤顶，然后调节自身的调节套筒达到所要施加的力（见图 9-79）。

张拉设备安装：由于本工程张拉设备组件较多，因此在进行安装时必须小心安放，使张拉设备形心与钢索重合，以保证预应力钢拉杆在进行张拉时不产生偏心（见图 9-80）。

图 9-79　张拉千斤顶

图 9-80　张拉施工实况

在油泵启动供油正常后开始加压，当压力达到钢索设计拉力时，超张拉 5% 左右，然后停止加压。张拉时，要控制给油速度，给油时间不应低于 0.5min。

9.5.3.5 预应力张拉注意事项

（1）预应力索在提升过程中行进速度控制在 3~5mm/s 之间。

（2）每级张拉时间隔 15min，作为预应力索释放变形应力的过程。

（3）如果发现索有跳丝和断丝现象应立即停止张拉。

（4）现场宜配置 2 套备用设备，如果不能修理立即更换千斤顶。

（5）由于张拉没有达到同步，造成结构变形，可以通过控制给泵油压的速度，使索力小的加快给油速度，索力比较大的减慢给油速度，这样就可以达到同步控制的目的。

（6）整个展厅区域为一个单元，张拉完成后微调，达到平衡状态，焊接滑动端，焊接方式为 CO_2 气体保护焊，焊接合拢温度控制在 5~20℃ 的均衡温度，避免冬夏温度与合拢温度差过大形成焊缝潜在延迟裂纹隐患。

9.5.4 测量施工

在预应力张拉阶段，对张弦梁的测量监测是张拉工作的重点环节，为满足预应力施工过程的需要，保证工程顺利进行，施工监测布点时采取以下原则：

（1）变形监测：以变形监测为主，在梁身设置三组监测点，保证结构张拉完成的结构"形"与设计相符（见图 9-81）。

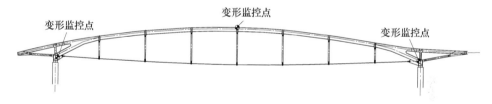

图 9-81　变形监测点布置示意图

（2）索力监测：以应力监测为辅，通过监测结构应力来验证结构"形"的情况；监测提升过程中工装索的索力、张拉过程中拉索的索力。

9.5.4.1 变形监测

变形监测主要监测张弦梁起拱值变化、滑动端滑移量变化、柱顶垂直度变化。

测量方法：

（1）在张弦梁梁体上（设计所要求位置）、张弦梁滑动端支座上、柱顶上易于观测到的位置设置"全站仪反光片"（见图 9-82）。

（2）根据设计给予的测量数据，在张弦梁张拉过程中全程实施测量，直至全部数据满足设计要求，最大偏差<设计要求值 5%（见图 9-83）。

图 9-82　张拉施工布点模拟

图 9-83　张拉施工测量监测

9.5.4.2　索力监测

目前国内对拉索索力监测主要有三种形式：

（1）直接在张拉千斤顶油泵的压力表上读数，这是施工过程中最直观的读数方法（见图9-84）。

（2）通过振弦法，在所要测量的索体上绑扎振动测量仪，通过对索力施加振动波来获取索体轴向力。该方法一

图 9-84　油泵测量

般适用于索体只有两端两个约束点的结构，例如斜拉索、悬索大桥等（见图9-85）。

（3）磁通量传感器，该形式需要在拉索张拉前就要将传感器安装在索体上，通过磁通量传感获取索力（见图9-86）。

图 9-85　振弦动测仪

图 9-86　磁通量传感器

9.5.5 张弦梁施工剪影

张弦梁施工剪影如图 9-87~图 9-90 所示。

图 9-87 张弦梁安装

图 9-88 格构式支撑架周转

图 9-89　张弦梁预应力张拉

图 9-90　张弦梁张拉完成

10 防 火 涂 料

防火涂料主要是保护钢结构外表皮不受火灾损伤或减小损伤，增强钢结构在火灾环境下的疲劳寿命。根据目前国内该领域现象显示，一般建筑物8m以下耐火极限要求较高，2h以上，需要喷涂厚型防火涂料，8m以上需要喷涂薄型防火涂料。但具体如何划分要看设计师设计要求而定。

10.1 前期准备

防火涂料施工前应对基材表面按要求进行除锈、防锈处理，务求全面彻底，防火涂料施工前还对基材表面作尘土、油污等杂质清除，采用高压气体或用高压水枪进行表面除尘清理，待基材表面无水并进行除尘、除杂物、油污等检查合格后方可施工防火涂料。

（1）待涂表面的处理：在施工之前，应将支承构件表面处理干净（包括除锈、清除焊渣及其他污物）；检查钢结构表面有无漏刷防锈底漆的现象，及时修补。

（2）防火涂料的储存：经检验合格的涂料，应存放在干燥通风的仓库内。应将涂料摆放整齐，防止风吹雨淋、阳光暴晒，如结块变质的涂料，不得使用。

10.2 工艺流程

防火涂料施工工艺流程如图10-1所示。

10.3 施工要点

10.3.1 涂装机具

工程所用厚型防火涂料涂装拟采用无气喷涂技术进行施工。

根据防火涂料基本特性，其所用无气喷涂机要求如下：

（1）喷漆泵压比大于45:1;

（2）喷嘴压力不低于25MPa;

（3）枪嘴孔径大小为0.48~0.68mm;

（4）喷幅角度30°~40°（根据构件大小形状确定）。

现场防火涂料的涂装拟采用AMS561（56:1）型高压无气喷涂机进行防火涂料施工。

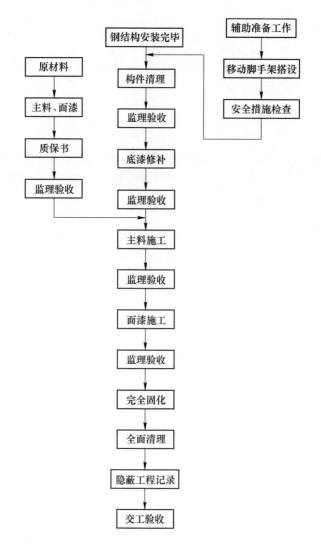

图 10-1　防火涂料施工工艺流程

10.3.2　涂装施工方法

　　钢结构防火涂料施工前应充分搅拌均匀后方可施工使用，施工第一遍后，表干后 18~24h 进行第二遍施工；以后各遍施工，涂层厚度应根据需求控制，直至达到规定厚度。每次施工时间间隔为 18~24h 以上，施工环境温度为 0~40℃。基材温度为 5~45℃。空气相对湿度不大于 85%，施工现场空气流通，风速不大于 5m/s，室外作业或施工构件表面结露时不宜施工。

　　为提高涂料与钢梁基层的黏结强度，应在底层的浆料中添加少量的水性胶粘剂。涂层表面有明显的乳突、凹域，应用抹刀修平。喷涂前应进行试喷并制作样板。通过试喷确定喷涂气压、喷距、喷枪移动速度等工艺的最优参数，并经监理用标准样板比对确认后，方可进行大面积喷涂。喷涂时，喷枪要垂直于被喷钢构件表面，喷距 6~10mm，压力保持在 0.4~0.6MPa，喷枪运行速度要保持稳定，不能在同一位置久留，避免造成涂料堆积和流淌。喷涂过程中，配料及往喷涂机内加料均要连续进行，不得停留。底层涂料表面干燥后（底层涂料施工 24h 后），方可进行面层涂料的喷涂，对于明显凹凸不平处，应用抹刀进行抹平处理，以确保涂层表面均匀光洁。

10.3.3 涂层厚度控制

防火涂层的平均干膜厚度应达到设计要求的干膜厚度：最低干膜厚度应不低于设计厚度的 85%；涂层整体干膜厚度的波动值（偏差值）应在平均干膜厚度的 90%~120% 范围内。

采用数字测厚仪测量防火涂层厚度时，所测得的涂层干膜厚度是防火涂层干膜厚度与底漆厚度的总和，所以计算防火涂层厚度时，应减去底层涂层的厚度。

干膜厚度的检测应在涂层硬干后实施，若涂层尚未充分干燥，也可以通过在垫片上测量干膜厚度的方法，提前检测涂层干膜厚度，具体方法如下：

（1）将一个厚度已知的硬垫片放在防火涂料涂层表面。

（2）在垫片之上获取读数。

（3）减去垫片的厚度，如果涂有底漆层，则还应减去底漆层的厚度，获得涂层干膜厚度。

10.4 特别注意事项

（1）防火涂料在运输存放过程中要防雨防潮。

（2）防火涂料当出现固化、结块时不得使用。刚施工完的涂层应防止雨水冲淋。

（3）若涂料在使用中变稠（不属时间过长硬化）可加入少量水搅匀后再用。

（4）涂料喷涂后，宜用塑料布或其他物品遮挡，以免强风直吹和暴晒，造成涂层开裂。

（5）不需喷涂抹涂的部位，要在喷涂前盖住，一旦造成污染，应马上清洗干净。

（6）喷涂工具停止使用后，应马上清洗干净，以备再用。

（7）施工温度：施工期间以及施工后 24 之内，施工周围环境及钢构件温度均应保持在 5℃ 以上为宜。若不能满足此温度条件时，应另采取其他特殊措施，防止涂层受冻。当风速大于 5m/s 或雨天和构件表面有结露时，不宜作业。

（8）防火涂料初期强度较低，容易碰坏。因此，喷涂应在相关钢结极施工完后再进行，防止强烈振动和碰撞。

（9）施工时若有上、下立体交叉作业，应注意安全。特别是在脚手架上的操作人员要加倍小心，操作人员必须戴好防护用具，系好安全带后方可操作。

（10）薄涂型钢结极防火涂料应符合以下要求：

1）涂层厚度符合设计要求。

2）无漏涂、脱粉、明显裂缝等，如有个别裂缝，其宽度不得大于 0.5mm。

3）涂层与钢基材之间和各涂层之间，应黏结牢固，无脱层、空鼓等情况。

4）颜色与外观符合设计规定，轮廓清晰，接槎平整。

（11）厚涂型钢结极防火涂料应符合以下要求：

1）涂层厚度符合设计要求，如厚度低于原订标准，则必须大于原订标准的 85%，且厚度不足部位的连续面积的长度不大于 1m，并在 5m 范围内不再出现类似情况。

2）涂层应完全闭合，不应露底、漏涂。

3）涂层不宜出现裂缝，如有个别裂缝，其宽度不应大于 1mm。

4）涂层与钢基材之间和各涂层之间，应黏结牢固，无空鼓、脱层和松散等情况。

5）涂层表面应无乳突，有外观要求的部位，母线不直度和失圆度允许偏差不应大于 8mm。

11 安全防护

钢结构施工属于建筑业高危专业，如何确保安全显得极为重要。大跨度张弦梁结构形式复杂，危险源多，施工时更需高度重视现场的安全防护工作。

11.1 安全风险分析

大跨度张弦梁结构施工时，安全风险主要有以下几种：

（1）高空坠落、物体打击风险。主要表现为：高空作业时，未按要求配备安全防护措施，人员不慎坠落；拆下的小件材料随意往下抛掷；工具未拴防脱落装置、未装入工具包，不慎脱落等。

（2）起重作业安全风险。主要表现为：工人违章操作、非岗责任人员指挥；吊装危险区域不设警示带分离，起吊半径内下方站人；起吊重物不规范、斜拉斜吊、横向起吊等。

（3）电气作业风险。主要表现为：工人违章用电，违章使用电机；电焊机使用时，焊把线与地线未双线到位，焊把线过长（大于30m）；电箱与电焊机之间的一次侧接线长度过长（大于5m）；焊把线破皮；焊、割作业在油漆、稀释料等易燃易爆物附近作业等。

（4）动火作业安全风险。主要表现为：高处焊接作业不设置接火斗，下方无专人看管，未配置灭火器，在施工现场作业区特别是在易燃易爆物周围吸烟等。

安全风险情况见表11-1。

表 11-1　安全风险情况

作业活动	危险因素	可能导致的事故类型	风险级别
安全网搭拆作业	未使用密目安全网沿外架内侧进行封闭，网之间连接不牢固，未与架体固定	高处坠落、倒塌	一般
	操作面未满铺脚下层，未兜设水平安全网，漏洞大，有探头板，飞跳板手板	高处坠落	一般
	操作面未设防护栏杆和挡脚板或立挂安全网	高处坠落	一般
	建筑物顶部的架子未按规定高于屋面，高出部分未设护栏和立挂安全网	高处坠落	一般

作业活动	危险因素	可能导致的事故类型	风险级别
安全网搭拆作业	架体未设上下通道或通道设置不符合要求	高处坠落	一般
	集料平台无限定载荷标牌，护栏高度低于 1.5m，没用密目安全网封严	物体打击	一般
	疲劳作业	其他伤害	一般
钢结构制作与安装	在构件就位前解开吊装索具或拆除临时固定工具	物体打击	一般
	夜间吊装作业没有充分照明	高空坠落/物体打击	一般
	装车、码放不平稳，捆绑支撑不牢固或超重、超长	物体打击	一般
	吊装时钢丝绳有扭结、变形、断丝、锈蚀等现象	物体打击	一般
	使用两根以上绳机吊装时未设防滑措施	物体打击	一般
	焊接预热时没有隔热	烫伤	一般
	涂漆施工场地通风不好	中毒	一般
用电施工	未达到三级配电、两级保护	触电	一般
	脚手架外侧边缘与电架空线路的边未达到安全距离并未采取防护措施	触电	一般
	保护接地、零线混乱或共存	触电	一般
	保护零线未装设开关或熔断器，零线有拧缠式接头	触电	一般
	保护零线未单独敷设，并作它用	触电	一般
	保护零线作负荷线	触电	一般
	保护零线未按规定在配电线路做重复接地	触电	一般
	重复接地装置的电阻值大于 10Ω	触电	一般
	电力变压器的工作接地电阻大于 4Ω	触电	一般
	固定式设备未使用专用开关箱，未执行"一机、一闸、一漏、一箱"的规定	触电/机械伤害	一般
	无专项用电施工组织设计	触电	一般
	开关箱无漏电保护器或漏电保护器失灵	触电	一般
	在潮湿和易触及带电体场所电源电压大于 24V	触电	一般

11.2 个人防护措施

11.2.1 个人防护措施需求分析

钢结构工程施工作业人员涉及起重工、铆工、焊工、电工等多个工种，不同工种所需的防护措施用品种类见表11-2。

表 11-2 各工种的防护措施

工 种	防 护 措 施
架子工	配备灵便紧口的工作服，系带防滑鞋和工作手套
司索工、信号指挥工	配备专用标志服装。在自然强光环境条件作业时，配备有色防护眼镜
电焊工、气割工	配备阻燃防护服、绝缘鞋、电焊手套和焊接防护面罩；在高处作业时，配备安全帽与连接式焊接防护面罩和阻燃安全带；从事清除焊渣作业时，配备防护眼镜；从事打磨作业时，配备手套、防尘口罩和防护眼镜
钳工、铆工	使用锉刀、刮刀、錾子、扁铲等工具作业时，配备进口工作服和防护眼镜；从事剔凿作业时，配备手套和防护眼镜；从事搬抬工作时，配备保护足趾安全鞋和手套
普通工`	从事拆除脚手架作业时，配备手套和保护足趾的安全鞋
电工	维修电工配备绝缘鞋、绝缘手套和灵便紧口的工作服；安装电工配备手套和防护眼镜

11.2.2 个人防护措施的配备

钢结构工程将对施工作业人员的安全防护措施——安全帽、安全带、防护手套、劳保鞋和工具包等实行统一标准化配置（见表11-3），提高作业人员的安全保障。

表 11-3 个人防护措施的配置

类别	装备对象	示 例
安全帽	作业人员、管理人员、参观检查人员	 参观检查人员（红色）、项目管理人员（白色）、 特种作业人员（蓝色）、普通作业人员（黄色）

类别	装备对象	示　例
双钩式安全带	高处作业人员	
工作服、安全员袖章	作业人员、安全员	
劳保鞋	作业人员	
劳保手套	作业人员	
雨衣、雨靴套装	雨天作业人员	
口罩	涂装作业人员	

类别	装备对象	示　　例
电焊手套、面罩套装	电焊作业人员	
降音耳塞、护目镜	切割、打磨作业人员	
反光背心	夜间作业人员	

11.3 安全管理制度

11.3.1 三类人员和一般性管理人员的安全教育与培训

项目经理、项目安全总监、安全员和劳务分包现场负责人、专职安全管理人员，必须经培训合格并取得安全考核证后方能从事本岗位工作。以上人员每年接受再教育不得少于 24h。

经常进行劳动保护和安全生产方针、政策、法规以及安全生产与技术管理的教育，学习现场安全管理知识，每月不少于 1 天。

11.3.2 工人的安全教育

11.3.2.1 三级安全教育

凡新职工、新进场工人必须进行入场教育，分公司、项目部、班组的三级安全教育，并经考试合格，方可进入生产岗位工作。

11.3.2.2　改变工种、工作岗位的安全教育

（1）对改变工种、调换工作岗位的工人，必须按规定进行新工种、新岗位的安全技术教育。安全教育由项目部负责组织开展，其教育内容为：

1）有关安全生产、劳动保护的方针政策、法规、标准和法制观念。

2）新岗位的安全生产责任制。

3）新工种的安全技术操作规程。

（2）技术简单工种，教育时间不得少于4h；技术复杂工种，教育后要经考试合格才能上岗作业。

11.3.2.3　特种作业人员安全教育

（1）特种作业人员（架子工、电工、电焊工、起重工、司索工、信号指挥工、起重司机等），必须按国家规定的安全技术培训考核大纲要求进行培训，考试合格取得操作证（IC卡）后方可上岗作业。

（2）取得《特种作业人员操作证》者，每两年进行一次复审，未按期复审或复审不合格者，其操作证自行失效。

（3）离开特种作业岗位人员再次上岗前，必须重新进行安全技术考核，合格者方可从事原岗位作业。

11.3.3　经常性安全教育

班组应进行班前安全活动，坚持每天上岗前的安全讲话，根据当天的施工任务，传达工长的技术交底，明确当日施工点的危险因素及防范措施。班前讲话时间不少于10min，并做好班前讲话记录。

11.4　高空作业防护

（1）高空作业防护措施如图11-1所示。

（2）高空作业安全要求：

1）严格遵守高空作业"十不准"的有关规定。

2）攀登和悬空作业人员，必须经过专业技术培训及专业考试合格，持证上岗，并定期进行体格检查。

3）为防止高空坠落，高空作业人员必须正确使用安全带。安全带一般应高挂低用，即将安全绳端挂在高的地方，而人在较低处操作；高空作业人员穿着要灵便，禁止穿硬底鞋、高跟鞋、塑料底鞋和带钉的鞋；爬高必须有坚固爬梯，爬高人员必须配挂防坠器。

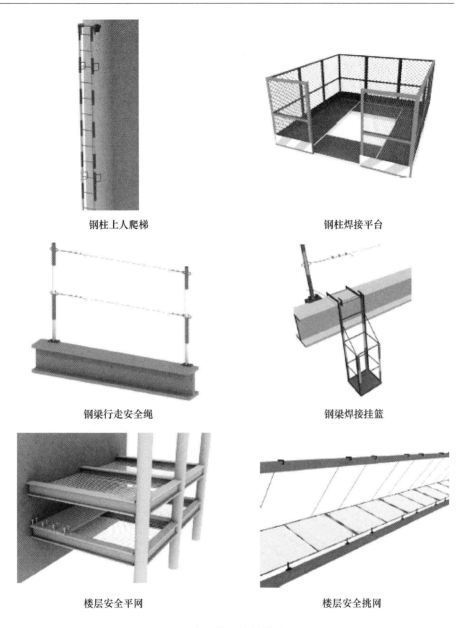

钢柱上人爬梯 钢柱焊接平台

钢梁行走安全绳 钢梁焊接挂篮

楼层安全平网 楼层安全挑网

图 11-1 高空作业防护措施

4）高处作业所用的物料应堆放平稳，不妨碍通行，有坠落可能的物件，应撤除或加以固定。走道内余料应及时清理干净，不得任意乱掷或向下丢弃。

5）高空作业所用的索具、脚手架、吊篮、吊笼、平台、爬梯等设备，均需经过技术鉴定或验证后方可入场。钢结构吊装前，应进行安全防护设施的逐项检查和验收，验收合格后方可进行吊装作业。施工过程中，发现安全防护措施有缺陷和隐患时，必须及时解决；危及人身安全时，必须停止作业。

6）高空操作人员应思想集中，防止踏上探头板而高空坠落，使用完的工具应放入随身佩带的工具袋内，不可随便向下丢掷，传递物件禁止抛掷；地面操作人员，应尽量避免在高空作业的正下方停留或通过。

7）在高处安装构件时，要经常使用撬杠校正构件的位置，必须防止因撬杠滑脱而引起的高空坠落伤害；构件安装后，须检查连接质量，确认合格无误后，才能摘钩或拆除临时固定工具，以防构件掉下伤人。

8）遇有 5 级以上强风、浓雾等恶劣气候，应停止高空作业。

9）钢结构工程存在大量的现场高空焊接作业，为保证高空焊接的质量及安全，所有高空焊接必须在挂篮内进行，并保证安全带、安全帽、绝缘鞋的配备齐全有效。高空焊接时加入适量的高效焊接防飞溅剂，在操作平台及周围设置钢丝防护网或焊接接火盆，防止焊渣飞溅下落伤人。

（3）高空作业安全"十不准"警示漫画如图 11-2 所示。

图 11-2　高空作业安全"十不准"警示图

11.5　现场安全措施

（1）触电事故应急措施见表11-4。

表 11-4　触电事故应急措施

序号	措　施　内　容
1	立即切断电源，同时采用绝缘材料等器材使触电人员脱离带电体
2	立即组织作业人员进行施救，并同时向当地急救中心求救
3	立即向公司应急抢险领导小组汇报事故发生情况并寻求支持
4	严格保护事故现场
5	常备物资：消毒用品、担架

（2）高处坠落安全应急措施见表11-5。

表 11-5　高处坠落安全应急措施

序号	措　施　内　容
1	安装施工队立即组织现场安装作业人员进行施救，争取时间
2	立即向项目部应急救援领导小组汇报事故发生情况并寻求支持
3	立即向当地医疗卫生机构求救得到最快救援
4	组织人员保护好现场，待事故查明后对现场进行修复
5	常备物资：消毒用品、急救物品、急救箱、担架、夹板

（3）火灾事故安全应急措施见表11-6。

表 11-6　火灾事故安全应急措施

序号	措　施　内　容
1	当接到火灾发生信息并确定后，现场负责人拨打"119"火警电话，并同时通知应急抢险领导小组，同时组织现场人员及时扑救火灾
2	派人及时切断电源，接通消防水泵电源，组织抢救伤亡人员，隔离火灾危险和重点物资，充分利用施工现场消防灭火器材进行灭火
3	火不是很大时，马上就近取出灭火器具进行灭火；火势不能控制时，马上有序撤离现场
4	火灾时，在场人员有被烟熏中毒或窒息以及被热辐射、热气流烧伤的危险，特别是夜间，难以辨认疏散走道和方向，其威胁就更大。因此，发生火灾后，首先要了解火场有无被困人员及其被困地点和抢救的通道，以便进行安全疏散
5	当撤离时被浓烟围困时，应采用低姿势行走或匍匐穿过浓烟，有条件时可用湿毛巾等捂住嘴、鼻，以便撤出烟雾区。应在熟悉疏散通道布置的人员带领下，迅速撤离起火点。带领人可用绳子牵领、喊话或前后扯着衣襟的方法将人员撤至室外或安全地带
6	当专业消防队到达火灾现场以后，火灾事故应急领导小组应简要地向消防队负责人说明情况，并全力支持消防队员灭火，听从专业消防队的指挥，共同灭火
7	当火灾扑灭后，要派人保护好现场，维护好现场秩序，以便对事故原因及责任人的调查
8	常备物资：消毒用品、急救物品及各种常用担架、灭火器等

11.6　雨季施工安全措施

雨期施工时，应及时掌握气象资料，定时预报天气状况，提前采取预防措施。

雨期施工前应认真组织有关人员分析雨期施工生产计划，针对雨期施工的主要工序编制雨期施工方案，组织有关人员学习，做好对工人的技术交底。

（1）管理措施：暴雨前后，对施工现场构件、材料、临时设施、临电、机械设备防护等进行全面检查，并采取必要的防护措施。定期检查大型设备、脚手架的基础是否牢固，并保证排水良好，所有马道、斜梯采用防滑措施。

（2）雨季吊装施工的防护措施：

1）雨期施工时，吊装班成员配备雨衣、雨裤和防滑鞋，起重指挥的对讲机须用防滑套保护。

2）施工人员上高空前，应擦干净鞋底泥浆，以减小鞋滑带来的危险。

3）雨天应减少或暂停高空危险位置的吊装作业。

4）雷电、暴雨或六级以上大风天气，必须停止一切吊装作业。

（3）雨季焊接施工的防护措施：

1）为保证焊接材料的防潮，焊接位置应搭设严密、牢固的防护棚，直到焊缝完全冷却至室温。

2）焊接前采用乙炔焰对焊接位置进行除湿处理，同时做好棚内与外界的封闭防护，以减小防护棚内的湿度。

3）做好配电箱和焊机的防雨工作，应放置在工具房或防护棚内。

4）雨季焊接施工的焊把线和电源线必须经过检查并保证完好无损，下雨过程中应停止露天焊接作业。

（4）防台风重要措施：台风来临时，应采取以下措施：

1）汽车吊、塔吊停止作业。

2）楼面或屋面可动的物品、器材应捆绑好或放置在安全部位。

3）现场的施工材料（如焊条、螺栓、螺钉、皮管等）应回收到工具房内，及时清理施工废料并回收到废料盒内。

4）固定电源线，高处的配电箱、照明灯等回收到机电设备工具房内。

5）防护棚帆布拆除，高空所有跳板均用铁丝绑扎牢固。

6）吊篮转移到地面安全位置，其他小型设备（如焊机等）撤回机房。

7）关闭电源开关。

8）非绝对必要，不可动火，动火时必须有专人监护。

9）重要文件或物品派专人看管。

（5）防雷措施：夏天雨季多有雷电发生，必须采取以下可靠措施进行防护。

塔吊防雷接地：

1）塔吊防雷接地装置可采用镀锌扁铁与桩主筋焊接，接地电阻不得大于 1Ω。

2）塔吊避雷下引线可采用铜芯线，一段与镀锌扁铁用螺栓锚固，上端与塔帽避雷针锚固，避雷针可由直径 20mm 的镀锌钢管、焊于下端的镀锌角钢、安于顶端的由直径 16mm 镀锌圆钢磨制的针尖等组成，安装长度应高于塔帽 1m。

3）在塔基底座上装焊螺栓，保护接地线一端固定在螺栓上，另一端固定在开关箱箱内接地端子板上。

施工作业区防雷接地：

1）形成足够的接地网点：在施工中，一般将钢柱底板与基础底板钢筋就近连接形成接地网点，接地网点的数量至少与作业区的引下线数量一致，并且应对应其引下线的位置。

2）引下线：引下线的作用是将避雷作业区与接地网点连接在一起，使电流构成通路，应根据工程情况，从施工作业区设置足够的引下线与接地网点连接。

11.7　高温天气施工安全措施

（1）人员保健措施：对高温作业人员进行作业前和入暑前的健康检查，凡检查不合格者，均不得在高温条件下作业；遇炎热天气，安全员应加强现场巡视，防止施工人员中暑；尽量避免高温天气露天工作；提供充足的含盐饮料。

（2）组织措施：合理的劳动作息制度，较高气温时早晚工作，中午休息；调整作业班次，采取勤倒班的方法，缩短一次连续作业的时间。

（3）技术措施：加强机械设备的维护与检修，保证正常运行；为避免温差对测量的影响，安排早晨或傍晚时间进行测量复核。

11.8　冬期施工安全措施

冬期施工前，应组织人员进行相关的技术业务培训，学习冬期施工相关规定。冬期施工方案及措施确定后，应及时向施工班组进行交底。同时做好现场测温记录，及时收集天气预报，提前做好大风、大雪及寒流等预防工作。

根据工程需求提前组织冬期施工所用材料及机械设备件的进场，为冬期施工的顺利展开提供物质上的保障。采取有效的冬期防滑系列措施，如跳板上钉防滑条、钢梁铲除浮冰后铺设麻袋或草包、拉设好安全网和安全绳等。

在构件吊装前应清除构件、锁具表面的积雪（冰），同时切忌捆绑吊装。构件运输、卸车和堆放时，清除堆场积雪，构件下应垫设木板，堆放场地需平整，无水坑。在构件验收、安装及校正时，应考虑负温下构件的外形尺寸收缩，以免在吊装时产生误差。专用测量工具应进行温差修正。

高空作业必须清除构件表面积雪，穿防滑鞋，系安全带，绑扎牢固跳板等。0℃以下时，应清除构件摩擦面上的结冰，必要时进行烘干处理。雨、雪天气时禁止高强螺栓施工。

钢结构测量校正使用全站仪测控，在负温安装时，应考虑温度变化及塔楼朝阳面和背光面的温差影响。当天气预报风力大于 6 级时停止吊装作业。大雪天气，各道工序暂停施工。

参 考 文 献

[1] 王宏. 大跨度钢结构施工技术 [M]. 北京：中国建筑工业出版社，2015.

[2] 董石麟，等. 现代大跨空间结构在中国的应用与发展 [J]. 空间结构，2012.

[3] 董石麟. 空间结构的发展历史、创新、形式分类与实践应用 [J]. 空间结构，2009.

[4] 张毅刚. 超大跨度空间结构——梦想与探索 [R]. 北京：北京工业大学空间结构研究中心，2014.

[5] 刘锡良. 现代空间结构的新发展 [M]. 南京：东南大学出版社，1998.

[6] 鲍广鑑. 钢结构施工技术及实例 [M]. 北京：中国建筑工业出版社，2005.

[7] 鲍广鑑，等. 大跨度空间钢结构滑移施工技术 [J]. 施工技术，2005.

[8] 党保卫. 钢结构建筑工业化与新技术应用 [M]. 北京：中国建筑工业出版社，2016.

[9] 党保卫. 钢结构与金属屋面新技术应用 [M]. 北京：中国建筑工业出版社，2015.

[10] 聂建国，刘明，叶列平. 钢-混凝土组合结构 [M]. 北京：中国建筑工业出版社，2005.

[11] 王彬，周丽丽. 图解钢结构涂装防护 [M]. 南京：江苏科学技术出版社，2013.

[12] 朱绍辉，等. 天津梅江会展中心大跨度张弦桁架施工技术 [J]. 施工技术，2010.

[13] 艾威. 张弦梁结构的预应力和矢高优化 [J]. 钢结构，2006.

[14] 左鑫. 大跨度张弦梁结构受力性能分析与施工过程控制研究 [D]. 重庆：重庆交通大学，2014.

[15] 薛伟辰，等. 上海源深体育馆预应力张弦梁优化设计与试验研究 [D]. 上海：同济大学，2008.

[16] GB 50017—2017 钢结构设计规范 [S]. 北京：中国建筑工业出版社，2017.

[17] GB 50205—2001 钢结构工程施工质量验收规范 [S]. 北京：中国计划出版社，2002.

[18] GB 50661—2011 钢结构焊接规范 [S]. 北京：中国建筑工业出版社，2011.

[19] GB/T 1231—2006 钢结构用大六角头高强螺栓、大六角螺母、垫圈技术条件 [S]. 北京：中国标准出版社.

[20] GB 50755—2012 钢结构工程施工规范 [S]. 北京：中国建筑工业出版社，2012.

[21] GB/T 3077—2015 合金结构钢 [S]. 北京：中国建筑工业出版社，2015.

砥砺奋进谱写新华章

——读《大跨度钢结构张弦梁施工技术》有感

赵一臣　白小卉

阳春四月、花红柳绿、万物复苏、生机勃勃。2019 年 4 月中旬，由中国钢结构协会主办，津西集团承办的"首届中国装配式标准化钢结构建筑科技论坛"在唐山召开，并在津西集团设立"国家钢结构工程技术研究中心装配式标准化钢结构建筑研究院"。

论坛上，有幸结识"八零"后新友张忠浩。早有耳闻，他聪颖机灵、勤奋多才。见本人时，清爽、谦逊、健谈等留下深刻的印象。初次短暂交流，却有一见如故之感。尤为欣喜的是，获赠张忠浩新作，由冶金工业出版社出版的《大跨度钢结构张弦梁施工技术》一书。

书山有路勤为径，学海无涯苦作舟。张忠浩，现为中建二局三公司天津分公司项目总工程师。他有多方面爱好，尤为爱好写作，系中国散文学会会员。在他人生的轨迹上，获国家专利 10 余项、参建工程多次获奖……他白天勤奋工作，夜间笔耕不辍，从 2018 年春开始收集整理钢结构施工技术素材，到今年 4 月积集成册到出版，仅用一年多的时间完成 26 万余字的书稿，这种创新开拓、敢于担当、自找苦吃、以苦为乐的精神，难能可贵，可点可赞。

汗水智慧铸丰碑。一部创新钢结构施工技术、实用价值高、专业性强、备受读者青睐的《大跨度钢结构张弦梁施工技术》问世，凝聚着他青春年华智慧的结晶。全书共分 11 个章节，主要包括大跨度钢结构的发展、大跨度张弦梁结构研读、钢结构深化设计、钢结构材料管理、钢结构交底、地下劲性钢结构等内容，从发展前景概述到实际案例分析，从施工关键技术到安全防护知识，从工序具体实施方法到特别注意事项，从精炼的文字描述到丰富的图片展示，每一处分析、每一环归纳、每一点滴践行，均一丝不苟，体现了作者接地气的正能量、注重细节、论述严谨的风格。

钢结构产业是朝阳产业。近年来，我国高度重视装配式建筑发展，力争 10 年左右时间，使其占新建建筑面积比例达到 30%，其中之一就是大力发展钢结构等装配式建筑。此书的出版，为从事相关专业的技术人员提供了一份丰富的参考资料，必然在推动装配式钢结构建筑产业中贡献出自己的一份力量，这也是他写作著书的初衷。

"参加论坛，非常感谢津西集团为我提供向专家学者近距离学习的机会。"张忠浩交流时发自内心的感叹。他表示，津西集团作为中国 500 强企业，又提出向世界 500 强奋进的目标，在发挥型钢生产应用基地优势的基础上，延伸产业链，进军装配式钢结构建筑产业。特别是国家钢结构工程技术研究中心装配式标准化钢结构建筑研究院在津西集团揭牌成立，必将促进津西做大做强。他告诉记者，珍惜津西搭建的交流平台，知恩感恩报恩，今后更要加强了解津西、热爱津西、宣传津西、服务津西、合作津西、互利双赢。

只有奋斗的人生，才是幸福的人生。祝愿张忠浩在自己心爱的事业上不忘初心，继续努力奋斗，不断提升自身专业水平，爱岗敬业，业精于勤，谱写砥砺奋进的新华章。

（作者赵一臣系北京津西赛博思公司副经理，白小卉系《津西人》副总编辑）

赵一臣经理（右一）与蔡玉春博士（中）合影

蔡玉春博士接受《中国冶金报》记者专访

后　记

　　在工作生涯中，能参建一项这样具有代表性的工程，我是幸运的。作为项目的技术总工程师，也总想着为工程和这种国内首例结构形式总结些什么，为培养我所在企业和这个专业的从业者贡献哪怕一丝绵薄之力，我也是心满意足的。

　　写这本书的想法萌生于 2017 年下半年，之后便在施工过程中留心收集，整理了很多素材。也正是这些素材奠定了写作的基础。

　　从 2018 年初春开始准备材料，在经过两个多月的准备后，便开始了这本书的写作。因考虑：一是白天工作实在繁忙，二是本人有喜欢在晚上写作的习惯，这本书的编写基本都在夜里进行了。记得有很多次于晚饭后六点左右开始伏案写作，一回头，第二天窗外的天空已经开始泛蓝，发亮。熬过多少个这样的夜晚虽是疲惫的，但内心是充实的。

　　书中案例工程采用了大量的新工艺、新工法、新专利等科技创新，它凝结了项目全体人员共同努力的智慧与汗水，中建二局三公司天津分公司领导的关心和指导，中建二局安装公司领导的建议和良策，中国中元设计院设计师们的鼎力相助……有了这些利好因素，才能使我在较短的时间内完成这本著作。

　　伴着初春的莺歌燕舞、花红柳绿提笔，到写完这本书稿最后一个字已是银装素裹、千里冰封的寒冬。经过近一年的艰辛创作，这本书终于呱呱坠地了。这段时间我时常在想，它能有多大的技术价值，会获得怎样的读者认可度，拥有怎样的生命长度，一切还需要时间的检验。但不管怎样，正如德国作家托马斯·曼说的那句话："……终于完成了。它可能不好，但是完成了。只要能完成，它也就是好的……"

张忠浩

2019 年 3 月 7 日夜于长春